對本書的讚譽

如果曾對程式碼中的紅色波浪線感到苦惱，請閱讀《TypeScript 學習手冊》。作者 Goldberg 在維持實用性的同時，巧妙的將所有內容穿插在其中，告訴我們 TypeScript 絕不是一種約束，而是一種寶貴的資產。

—*Stefan Baumgartner*，*Dynatrace* 進階產品架構師；
oida.dev 創辦人

作者將 TypeScript 最重要的概念放在本書優先的位置，並以清晰的範例和幽默的方式對內容進行解釋。對於想要像專業人士一樣撰寫 TypeScript 的工作者來說，這是一本必讀的書。

—*Andrew Branch*，微軟 *TypeScript* 軟體工程師

《TypeScript 學習手冊》對於某些熟悉撰寫程式碼，但卻迴避型別語言的程式人員而言是一個相當不錯的資源。本書內容比 TypeScript 手冊更深入，讓我們更有信心在自己的專案中使用 TypeScript。

—*Boris Cherny*，*Meta* 軟體工程師；
《*Programming TypeScript*》書籍作者

我們不知道程式碼是什麼型別，但我們替 Josh 感到驕傲，並相信這是一本讓人喜愛的書籍。

—*Frances* 和 *Mark Goldberg*

Josh 是那種既熱衷於深入掌握基礎知識又喜愛向初學者解釋概念的人。我認為這本書將很快成為 TypeScript 新手和專家的經典書籍。

—*Beyang Liu*，*Sourcegraph* 首席技術長兼聯合創辦人

本書對 TS 語言有相當精彩的介紹與提供例子作為參考。Josh 的文章清晰且資訊豐富，有助於解釋經常令人困惑的 TS 概念和語法。對於 TypeScript 新手是一個很好的起點！

—*Mark Erikson*，進階前端高級工程師；
Redux 維護者

《TypeScript 學習手冊》是一本開啟讀者 TypeScript 之旅的好書。其中提供了語言分析、型別系統和 IDE 整合開發工具的解說，讓讀者能充分體驗 TypeScript 的強大能力。

—*Titian Cernicova Dragomir*，*Bloomberg LP* 軟體工程師

作者 Josh 多年以來一直是 TypeScript 社群中的重要成員，很高興人們能夠從他的深入分析和內容的實用性從中受益。

—*James Henry*，*Nrwl* 架構顧問；*Microsoft MVP*；
angular-eslint 和 *typescript-eslint* 的創作者

Josh 不僅僅是一位非常有才華的軟體工程師：也是一位優秀的導師；我們可以在本書中感受到他對教育的熱情。《TypeScript 學習手冊》內容結構巧妙，包含常見的真實範例，可讓 TypeScript 新手和愛好者提升到一個新的水平。我可以確信地說，本書是任何想要學習或提升 TypeScript 知識的人的權威指南。

—*Remo Jansen*，*Wolk Software* 首席執行長

在《TypeScript 學習手冊》中，Josh Goldberg 將 TypeScript 最複雜的概念逐步的分解、直接的描述和易於理解的範例，這些範例肯定會在未來幾年作為學習輔助和參考。從每章一開始的俳句到最後的笑話，帶有雙關用語的趣味性，這樣介紹語言的方式可真是我的菜。

—*Nick Nisi*，*C2FO* 首席工程師

他們常說「永遠押注 JavaScript」。現在是「始終押注 TypeScript」，這本書將成為業界最受推薦的參考資源之一，我保證。

—*Joe Previte*，開放原始碼 *TypeScript* 工程師

閱讀《TypeScript 學習手冊》就像和一位熱情且聰明的朋友共度時光,他樂於告訴讀者有趣的事情。無論讀者事先已經理解很多或是只有一點點,都會對學習 TypeScript 感到愉快及成長。

—*John Reily*,*Investec* 集團首席工程師;
ts-loader 專案維護者;絕對型別的理論專家

本書是有關 TypeScript 語言及其周邊系統的全面、易懂的指南。涵蓋 TypeScript 的絕大部分功能集,同時根據經驗提供建議和解釋權衡考量的觀點。

—*Daniel Rosenwasser*,*Microsoft TypeScript* 專案經理;
TC39 成員

這本是我學習 TypeScript 最喜歡的書籍。從入門到進階主題,一切都清晰、簡潔、全面。我發現 Josh 他是一位出色且有趣的作家。

—*Loren Sands-Ramshaw*,《*The GraphQL Guide*》作者;*Temporal*,
TypeScript SDK 工程師

如果你希望成為一名高效率的 TypeScript 開發人員,《TypeScript 學習手冊》涵蓋了從入門到進階概念的全部內容。

—*Basarat Ali Syed*,*SEEK* 首席工程師;
《*Beginning NodeJS and TypeScript Deep Dive*》作者;
Youtuber(*Basarat Codes* 頻道);微軟 *MVP*

這本書是學習這門語言的好方法,也是對 TypeScript 手冊最完美的補充。

—*Orta Therox*,前 *TypeScript* 編譯器工程師,*Puzmo*

Josh 是世界上最清晰、最專注的 TypeScript 傳道者之一,他的知識終於以書籍的方式出現了!初學者和有經驗的開發人員,都會喜歡精心策劃的主題及內容的安排。經典 O'Reilly 風格的技巧、註釋和警告絕對是物超所值的。

—*Shawn Wang*(*swyx*),*Airbyte*、*DX* 負責人

本書將真正幫助讀者學習 TypeScript。理論章節與專案實踐在學習上取得了良好的平衡，幾乎涵蓋了語言的各個面向。看這本書，還教會我一些新的花樣。終於明白「宣告檔案」的精妙之處。在這強烈推薦。

—*Lenz Weber-Tronik*，*Mayflower* 德國全端開發人員；
Redux 維護者

《TypeScript 學習手冊》是一本簡單易懂、引人入勝的書，其中包含 Josh 多年開發 TypeScript 課程的熟練經驗，以正確的順序教授我們需要理解的一切。無論讀者的程式背景如何，Josh 和本書都將能助您一臂之力。

—*Dan Vanderkam*，*Google* 高階軟體工程師；
《*Effective TypeScript*》作者

這本書是我第一次接觸 TypeScript 時所期望擁有的書籍。在每一頁中都流露出 Josh 對指導初學者的熱情。內容經過深思熟慮、縝密組織成易於理解的段落，涵蓋成為 TypeScript 專家所需的一切。

—*Brad Zacher*，*Meta* 軟體工程師；
typescript-eslint 核心維護者

TypeScript 學習手冊

使用型別安全的 JavaScript 強化 Web 開發技巧

Learning TypeScript
Enhance Your Web Development Skills
Using Type-Safe JavaScript

Josh Goldberg 著

楊俊哲 譯

O'REILLY®

本書獻給我不可思議的伴侶 *Mariah*，
她讓我領略了收養後院貓的樂趣，
但從那之後我就後悔了。

目錄

第二部分　功能

第三部分　使用

第四部分　額外學分

前言

我的 TypeScript 之旅不是直接速成學會的。一開始在校園時，主要撰寫 Java，然後是 C++，就如同許多學習靜態型別語言的開發人員一樣，認為 JavaScript「只是」一種隨性在網站上執行的小型指令稿語言。

在這個語言中，我的第一個實質性專案是純用 HTML5/CSS/JavaScript 對原作瑪利歐兄弟電視遊戲進行的重製。並且，在許多早期專案中，是典型的一團糟。在專案開始時，打從心底不喜歡 JavaScript，它帶有奇怪的靈活性，並且缺乏防護的機制。直到專案接近尾聲時，才真正開始尊重 JavaScript 的特性和古靈精怪：它作為一種靈活性的語言，串連許多小功能的能力，以及在幾秒鐘內讓使用者瀏覽器載入網頁的工作能力。

當我完成第一個專案時，已經愛上 JavaScript。

諸如 TypeScript 之類的靜態分析（無須執行即可分析程式碼的工具）一開始也讓我感到不舒服。*JavaScript* 是如此輕鬆流暢，為什麼要讓自己陷入僵化的結構和型態之中？是不是又回到了 Java 和 C++ 世界？

回到剛剛的專案，我花了 10 分鐘的時間努力閱讀舊有、令人思索的 JavaScript 程式碼，才理解如果沒有靜態分析，事情會變得多麼混亂。清理程式的行為表現出，可以從某種結構中獲得益處，進而套用在所有地方。從那時起，我就開始迷上靜態分析，並盡可能在專案中加入。

距離第一次使用 TypeScript 已經快十年了，我一如既往喜歡它。這個語言仍在不斷發展新的功能，並且為 JavaScript 提供安全和結構方面的特性，比過去來得更加有用。

希望透過閱讀《TypeScript 學習手冊》，使用者可以像我一樣學會欣賞 TypeScript。這不僅是一種搜尋錯誤和錯別字的方法，當然也不是對 JavaScript 做任何實質性程式碼的變更；而是作為帶有型別的 JavaScript：一個更完整的系統，用來宣告 JavaScript 應該如何工作，並協助我們堅持下去。

誰應該讀這本書

如果讀者撰寫 JavaScript 程式碼，可以在終端介面中執行基本命令，並且有興趣了解 TypeScript，那麼本書適合你。

也許你曾聽說過 TypeScript 可以幫助使用者撰寫大量 JavaScript 並減少錯誤（沒錯！），或妥善記錄使用者的程式碼來供其他人閱讀（這也是正確的！）。也許讀者已經注意到，現在有很多 TypeScript 的職缺，或者讀者也正在這個職位之中。

無論出於何種原因，只要理解 JavaScript 的基礎知識 —— 變數（Variable）、函數（Function）、閉包（Closure）/ 作用域（Scope）和類別（Class），這本書將帶領讀者從沒有 TypeScript 知識，到掌握這個語言的基礎知識及最重要的特性。讀完本書會明白：

- TypeScript 在「原生」的 JavaScript 之上有何歷史和背景
- 型別系統如何打造模組程式碼
- 型別檢查如何分析程式碼
- 如何使用開發型別註記來知會型別系統
- TypeScript 如何與 IDE（整合開發環境）一起提供程式碼檢索和重構工具

而讀者將能夠：

- 闡述說明 TypeScript 的優勢及其型別系統的一般特徵。
- 在程式碼中在使用的地方，增加型別註記。
- 使用 TypeScript 的內建推斷和新語法，來妥善表示複雜的型態。
- 使用 TypeScript 協助本地端開發重構程式碼。

為什麼寫這本書

TypeScript 是開放原始碼和產業界都廣受歡迎的語言：

- 觀察在 GitHub 平台中，該程式語言，在 2017 年排名第十，在 2019 和 2018 年排名第七，在 2021 和 2020 年之間，躍升到第四。
- 在 StackOverflow 的 2021 年開發者調查中，將其列為世界第三大最受歡迎的程式語言（擁有 72.73% 的使用者）。
- 2020 年 JS Survey Status 網站顯示，以 TypeScript 作為建構工具和 JavaScript 的變體程式，一直保有很高的滿意度和使用量。

TypeScript 對於前端開發人員，在所有主要的 UI 程式庫與框架中，都得到很好的支援，強烈建議使用 TypeScript 的包括 Angular，以及 Gatsby、Next.js、React、Svelte 和 Vue。TypeScript 對於後端開發人員，可產生 JavaScript 並在 Node.js 原生環境中執行；而同樣是 Node 作者所開發的 Deno，則在執行時強調，直接支援 TypeScript 檔案。

然而，儘管受到如此多的專案歡迎與支持，但作者第一次學習這門語言時，對於缺乏良好的線上內容性介紹，感到相當失望。許多線上文件資源，並沒有妥善地解釋什麼是「型別系統」或如何使用它。它們通常假設讀者擁有大量 JavaScript 和強型別語言的先行知識，或者只是粗略的撰寫程式碼範例。

這幾年以來沒有看到一本 O'Reilly 的書籍，用可愛的動物封面介紹 TypeScript，這很令人失望。雖然在本書之前，已經有很多其他出版商（包括 O'Reilly）出版關於 TypeScript 的書籍，但卻找不到一本完全符合作者想要以語言為基礎的書：針對它的工作方式、核心功能，如何協同工作進行討論。這本書從一開始對語言的基礎做解釋，然後逐一增加語言特性。身為作者，很高興能夠為還不熟悉 TypeScript 原理的讀者，做清晰而全面地介紹 TypeScript 語言基本知識。

瀏覽本書

學習 *TypeScript* 有兩個目的：

- 讀者可以很透徹理解整個 TypeScript。
- 接著，可以將其作為 TypeScript 語言入門的實用參考。

本書從概念到實際使用，分為三個部分：

- 第一部分，「概念」：TypeScript 為 JavaScript 增加了什麼？以及 TypeScript 以型別系統（*type system*）為基礎建立後，是如何產生 JavaScript？
- 第二部分，「特點」：緊實的型別系統是如何在編輯 TypeScript 程式碼時，使用 JavaScript 的主要部分進行切換。
- 第三部分「使用」：既然讀者理解，構成 TypeScript 語言的功能後，那麼如何在現實世界中使用它們，來改善程式碼閱讀和編輯體驗。

我已經在最後的第四部分「額外學分」中介紹，較少使用但偶爾仍會用到的 TypeScript 功能。讀者無須深入理解它們，即可將自己視為 TypeScript 開發人員。但它們都是有用的概念，將 TypeScript 用於實際專案時可能會出現。一旦完成前三個部分的理解後，我強烈建議讀者學習額外的部分。

每章都以一段俳句作為開始，用來深入說明其內容的精神，並以一段雙關語做結尾。整個 Web 開發和其中的 TypeScript 社群，以熱情和歡迎新人的參與而聞名。我試圖讓這本書，對於不喜歡冗長枯燥文字的學習者來說，讀起來會很愉快。

範例和專案

與許多其他介紹 TypeScript 資源不同的地方，本書透過顯示單一新資訊的獨立範例，來介紹語言特性，而不是深入研究中大型專案。我喜歡這種教學方法，因為它首先將焦點放在 TypeScript 語言上。TypeScript 在如此多的框架和平台上，都很有用——其中許多會進行定期 API 更新；我並不想在本書中含有特定於任何框架或平台的內容。

即便如此，在學習程式編譯語言，採用導入概念後立即練習它們，會顯得非常有效果。強烈建議在每個章節之後休息一下，多加練習其中的內容。每章的結尾都有建議參考的部分，可在 *https://learningtypescript.com* 網站上完成其中條列的範例和專案。

本書編排慣例

本書使用下列的編排方式：

斜體字（*Italic*）
> 表示專業用語、URL、電子郵件地址、檔案名和檔案副檔名稱。（中文使用楷體字）

定寬字（Constant width）

用於程式內容，以及在段落中參考到程式的部分，例如變數或函數名稱、資料型態、語法和關鍵字。

 這個圖示代表一個提示或建議。

 這個圖示代表一般注意事項。

 這個圖示代表一個警告性說明。

使用程式碼範例

補充內容（程式碼範例、練習等）可在 *https://learningtypescript.com* 下載。

如果有技術或使用程式碼範例的問題，請寄送電子郵件至 *bookquestions@oreily.com*。

本書主要在幫助讀者完成工作。一般來說，如果本書提供範例程式碼，可以在讀者的程式和文件中使用它們。除非複製程式碼重要的部分，否則無須聯繫我們獲得許可。例如，編輯使用本書多個程式碼中的一個段落，不需要許可。銷售或散佈 O'Reilly 書籍中的範例確實需要獲得許可。透過引用本書和參考範例程式碼來回答問題，不需要許可。將本書中的大量範例程式碼，合併到產品文件中，這確實需要獲得許可。

我們感謝標示參考資料來源，但這並不是必要的。來源的標示通常包括書名、作者、出版商以及 ISBN。例如：「*Learning Typescript* by Josh Goldberg (O'Reilly). Copyright 2022 Josh Goldberg, 978-1-098-11033-8.」

如果讀者認為程式碼範例的使用不屬於合理使用或上述範圍中，請隨時透過 *permissions@oreily.com* 與我們聯繫。

致謝

這本書是團隊合作的努力成果，我由衷感謝背後眾多支持的成員。首先也是最重要的強力主編 Rita Fernando，在整個創作過程中賦予難以置信的耐心和出色的指導。以及其他 O'Reilly 工作人員：Kristen Brown、Suzanne Huston、Clare Jensen、Carol Keller、Elizabeth Kelly、Cheryl Lenser、Elizabeth Oliver、Amanda Quinn，你們都超棒的！

此外，也非常感謝技術校閱：Mike Boyle、Ryan Cavanaugh、Sara Gallagher、Michael Hoffman、Adam Reineke 和 Dan Vanderkam。他們始終給予一流教學見解和 TypeScript 專業知識。沒有你們，這本書就無法完成，希望我能成功掌握到所有你們所提出的偉大建議！

還要感謝同業和好友們對本書進行的各種實質評論，幫助我提高了技術準確性和寫作質 量：Robert Blake、Andrew Branch、James Henry、Adam Kaczmarek、Loren Sands-Ramshaw、Nik Stern 和 Lenz Weber-Tronic。每個建議都很有幫助！

最後，我要感謝我的家人，多年來對我的愛和支持。我的父母 Frances 和 Mark，以及兄弟 Danny──感謝他們讓我花時間玩樂高積木、書籍和電動遊戲。感謝我的妻子 Mariah Goldberg，在漫長的編輯和寫作過程中耐心等待，感謝我們的貓 Luci、Tiny 和 Jerry，牠們輕柔蓬鬆地陪伴在我身邊。

第一部分

概念

第一章

從 JavaScript 到 TypeScript

今天的 JavaScript
支援瀏覽器數十年
網路的美好

在談論 TypeScript 之前，我們需要先理解它的來源：就是 JavaScript！

JavaScript 的歷史

JavaScript 是 1995 年由 Netscape 的 Brendan Eich，在 10 之天內設計出來的，它平易近人且容易使用於網站之中。從那以後，一直有開發人員在取笑它古怪與明顯的缺點。我將在下一節中，介紹其中的一些。

不過，自 1995 年以來，JavaScript 已經發生了巨大的變化！自 2015 年以來，其 TC39 指導委員會，每年都會發布新版本的 ECMAScript（JavaScript 的基礎語言規範），並使 JavaScript 具有與其他現代語言保持一致的新功能。令人印象深刻的是，即便使用正規新版本的語言，JavaScript 幾十年來也設法在不同的環境中保持向下相容性，包括瀏覽器、嵌入式應用程式和伺服器執行時。

如今，JavaScript 是一種非常靈活的語言，具有很多優勢。人們應該意識到，雖然 JavaScript 有其古怪，但也有助於實現 Web 應用程式和網際網路的驚人能力。

　給我完美的程式編譯，我將呈現一種沒有侷限的語言。

—Anders Hejlsberg, TSConf 2019

原生 JavaScript 的陷阱

開發人員通常將沒有使用任何重要的 JavaScript 語言擴充功能或框架，稱之為「原生」：意指接近原始的味道。我們很快就會討論到，為什麼 TypeScript 會添加正確的風格，來克服這些主要的特殊陷阱；理解為什麼它們會讓人痛苦，是很有用的。所有這些弱點都會隨著專案的規模越大、壽命越長而變得越明顯。

昂貴的自由

不幸的是，許多開發人員對 JavaScript 最大的不滿是它的主要特性之一：JavaScript 對程式碼結構幾乎沒有任何約束限制。這種自由使得以 JavaScript 開始專案時，變得非常有趣！

但是，隨著擁有越來越多的檔案，很明顯這種自由可能會造成破壞。從一個虛構的繪圖應用程式中擷取以下片段：

```
function paintPainting(painter, painting) {
  return painter
    .prepare()
    .paint(painting, painter.ownMaterials)
    .finish();
}
```

在沒有任何前後文的情況下閱讀這樣的程式碼，我們只能對如何呼叫 paintPainting 函數有模糊的想法。也許如果曾在周圍的相關程式碼中處理過，我們可能會記得 painter 應該是某個 getPainter 函數回傳的內容。甚至可以幸運的猜出 painting，所意指的是一個字串。

但是，即便這些假設是正確的，對程式碼之後的修改也可能會使它們失效。或許，painting 字串修改為其他資料型態，也或者可能被一個或多個畫家的實作方法，而被重新命名。

若是其他擁有編譯器的程式語言，為了確保程式碼正確性，可能會當機，而某些其他語言可能會拒絕執行程式碼。而動態型別語言並非如此，因此不檢查程式語言的正確性，而執行那些程式碼可能導致當機，例如 JavaScript。

當我們希望安全地執行程式碼時，會讓 JavaScript 如此自由有趣的程式碼，變成了真正的折磨。

鬆散的文件

JavaScript 語言規範中，並沒有任何內容可以正式描述程式碼中，函數的參數、回傳、內部變數或其他結構的含義。許多開發人員採用了一種稱為 JSDoc 的標準，來使用區塊註解描述函數及變數。JSDoc 的描述規範了如何編寫文件註解，這些註解直接放在函數和變數等結構之上，並以標準方式格式化。以下是一個只取出部分內容的範例：

```
/**
 * Performs a painter painting a particular painting.
 *
 * @param {Painting} painter（畫家）
 * @param {string} painting（作畫）
 * @returns {boolean} 畫家是否畫了這幅畫
 */
function paintPainting(painter, painting) { /* ... */ }
```

JSDoc 有一些關鍵議題，這些議題常常是存在大型程式碼的資料中，造成使用上的不愉快：

- 沒有什麼能阻止 JSDoc 描述錯誤的程式碼。
- 即使我們的 JSDoc 描述之前是正確的，但在程式碼重構期間，也很難找出與現在我們所有修改相關的無效 JSDoc 註解。
- 描述複雜對象，顯得既笨重且冗長，需要多個獨立的註解，來定義型別及其關係。

跨越幾十個檔案，維護 JSDoc 註解是不會占用太多時間，但是跨數百甚至數千個，不斷更新的檔案可能是一件真正的苦差事。

較弱的開發人員工具

由於 JavaScript 沒有提供辨識型別的內建方法，而且程式碼很容易與 JSDoc 註解產生分歧，因此很難自動對程式碼資料進行大規模的修改或深入理解程式碼。JavaScript 開發人員經常驚訝地看到，在 C# 和 Java 等型別化語言，允許開發人員執行類別成員重新命名或快速轉跳到宣告參數型別位置的功能。

 讀者可能會提出異議，現代 IDE（例如 VS Code）確實提供一些開發工具，例如對 JavaScript 的自動重構。沒錯，但是在許多 JavaScript 功能的底層中，使用 TypeScript 或等效的工具；並且這些開發工具在大多數 JavaScript 程式碼中，不如定義良好的 TypeScript 程式碼中，來得可靠、強大。

TypeScript！

TypeScript 在 Microsoft 內部於 2010 年初所建立，然後於 2012 年發佈並開放原始碼。開發的負責人是 Anders Hejlsberg，他還領導開發流行的 C# 和 Turbo Pascal 語言。TypeScript 通常被描述為「JavaScript 的超集合」或「帶有型別的 JavaScript」。但什麼是 TypeScript？

TypeScript 有四大特性：

程式編譯語言（*Programming language*）

> 一種包含所有既定 JavaScript 語法的語言，以及用於 TypeScript 中，定義和使用型別的特定語法。

型別檢查（*Type checker*）

> 一個程式，它接收一組用 JavaScript 或 TypeScript 編輯的檔案，分析所有建立的結構（變數、函數……），並讓我們知道是否在設定上有任何的不正確。

編譯器（*Compiler*）

> 它是一個執行型別檢查的程式，匯報任何問題，然後輸出等效的 JavaScript 程式碼。

程式語言服務（*Language service*）

> 一個使用型別檢查通知編輯器（例如 VS Code），為開發人員提供有用的資訊及工具。

TypeScript Playground 入門

到目前為止，我們已經閱讀了大量有關 TypeScript 的內容。動手開始做吧！

主要的 TypeScript 網站裡頭，包含一個「遊樂場」的編輯器 *https://www.typescriptlang.org/play*。可以在常用的編輯器中，輸入程式碼並觀看結果、提出相關建議，這如同一些本地端完整 IDE（Integrated Development Environment，整合開發環境）中，使用 TypeScript 時，所看到的近似功能。

本書中的大多數程式片段都是刻意很小而且獨立的，以至於使用者可以在 Playground 中輸入，並加以修改後，獲得一些趣味性。

TypeScript 實戰

看看以下這個程式碼片段：

```
const firstName = "Georgia";
const nameLength = firstName.length();
//                           ~~~~~~
// 無法呼叫此運算式。
```

程式碼是用一般的 JavaScript 語法所撰寫的 ── 目前還沒有介紹 TypeScript 的特定語法。如果讀者要在這段程式碼上執行 TypeScript 型別檢查，它會利用已知字串的長度屬性，會是一個數字而不是一個函數，並顯示出一些建議與評論，提供使用者參考。

若將此程式碼貼在 Playground 或編輯器中，語言服務會告訴使用者，在 length 下加註一條紅色的波浪線，表示 TypeScript 對使用者的程式碼有所異議。

將滑鼠游標停留在波浪符號的程式碼上，會出現一些文字訊息（如圖 1-1）。

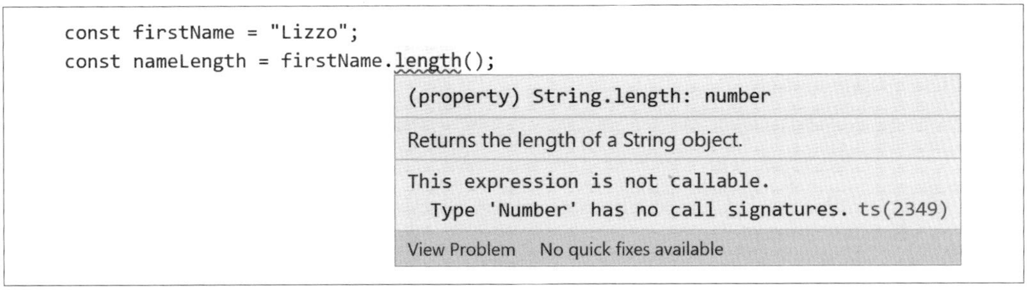

```
const firstName = "Lizzo";
const nameLength = firstName.length();
```
(property) String.length: number

Returns the length of a String object.

This expression is not callable.
  Type 'Number' has no call signatures. ts(2349)

View Problem   No quick fixes available

圖 1-1　TypeScript 報告關於字串長度無法呼叫的錯誤

在編輯器輸入時被告知這些簡單錯誤，總是比等到執行時遇到特定程式碼，並拋出錯誤要愉快得多。如果是在 JavaScript 中嘗試執行這樣的程式碼，會直接當機！

透過約束來獲得自由

TypeScript 允許我們可以指定參數和變數提供哪些型別的數值。一些開發人員發現，首先必須在程式碼中，限制明確寫出特定區域是如何運作。

但我認為這種被「約束」的方式，實際上是一件好事！我們透過程式碼約束，限制只能以所指定的方式來操作；TypeScript 可以讓使用者確信在某個程式碼區域中所做的修改，不會破壞其他使用到它的部分。

例如，如果我們修改函數所需參數的數量，TypeScript 會在忘記更新呼叫該函數的位置通知我們。

在下面的範例中，sayMyName 從原先接受兩個參數修改為接受一個參數，但是對應呼叫它的地方，仍使用兩個字串沒有更新，因此觸發 TypeScript 錯誤訊息：

```
// 之前：sayMyName(firstName, lastNameName) { ...
function sayMyName(fullName) {
  console.log(`You acting kind of shady, ain't callin' me ${fullName}`);
}

sayMyName("Beyoncé", "Knowles");
//                   ~~~~~~~~~
// 應有 1 個引數，但得到 2 個。
```

這段程式碼在 JavaScript 中執行不會當機，但其輸出與預期不同（其中不包括「Knowles」）：

```
You acting kind of shady, ain't callin' me Beyoncé
```

使用數量錯誤的參數，呼叫函數正是 TypeScript 約束 JavaScript 那種短視近利的自由。

精確的文件

再看一下先前的 paintPainting 函數，它的 TypeScript 版本。雖然還沒有詳細討論，善於記錄型別的 TypeScript 語法細節，但以下程式碼片段仍然可以非常精確地將程式碼記錄下來：

```
interface Painter {
  finish(): boolean;
  ownMaterials: Material[];
  paint(painting: string, materials: Material[]): boolean;
}

function paintPainting(painter: Painter, painting: string): boolean { /* ... */ }
```

第一次閱讀此程式碼的 TypeScript 開發人員可以瞭解，painter 至少具有三個屬性，其中兩個是方法。透過語法來描述物件的「形狀」，TypeScript 提供了一個優秀、強制的系統來描述物件的外觀。

更強大的開發人員工具

TypeScript 的型別允許使用 VS Code 等編輯器，更深入地瞭解我們的程式碼。然後，可以在輸入時，使用這些經過分析後所提出的智慧建議。這些建議對開發者而言相當有用。

如果你使用 VS Code 編輯過 JavaScript，可能已經注意到，當使用內建型別的物件（如字串）編輯程式碼時，它會提出建議，並「自動完成（autocompletion）」。例如，若開始輸入已知字串的成員文字，TypeScript 會顯示建議字串的所有成員（圖 1-2）。

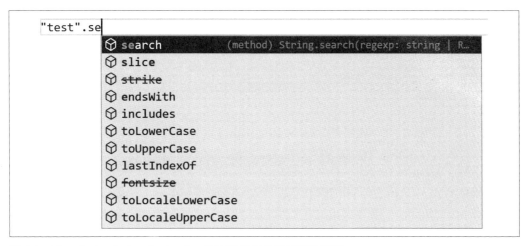

圖 1-2　TypeScript 在 JavaScript 中，為字串提供自動補齊的建議

加入 TypeScript 的型別檢查來分析程式碼，可以為我們在撰寫過程時，提供這些有用的建議。在 paintPainting 函數中輸入 painter. 時，TypeScript 會知道 painter 參數是 Painter 型別，並且 Painter 型別具有以下成員（圖 1-3）。

```
interface Painter {
  finish(): boolean;
  ownMaterials: Material[];
  paint(painting: string, materials: Material[]): boolean;
}

function paintPainting(painter: Painter, painting: string): boolean
  painter.
         finish        (method) Painter.finish(): boolean
         ownMaterials
         paint
```

圖 1-3　TypeScript 在 JavaScript 中，為字串提供自動補齊的建議

我們將在第十二章「使用 IDE 功能」中，大量介紹其他有用的編輯器功能。

編譯語法

TypeScript 的編譯器允許輸入 TypeScript 語法，並對其進行型別檢查，產生同等效果的 JavaScript 程式碼。為方便起見，編譯器還可以採用現代 JavaScript 語法，並將其編譯為較舊版的 ECMAScript 等效內容。

如果要將以下 TypeScript 程式碼，貼到 Playground 中：

```
const artist = "Augusta Savage";
console.log({ artist });
```

在 Playground 的右側螢幕會顯示編譯器等效 JavaScript 的程式碼輸出（圖 1-4）。

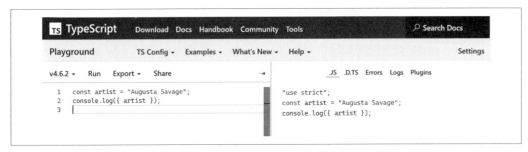

圖 1-4　Playground 將 TypeScript 程式碼編譯成等效的 JavaScript

TypeScript Playground 是呈現原始 TypeScript 如何成為轉換輸出成 JavaScript 的絕佳工具。

 許多 JavaScript 專案使用個別的轉譯器，例如 Babel（*https://babeljs.io*）。而 TypeScript 是將自己的原始碼轉譯成可執行的 JavaScript。我們可以在 *https://learningtypescript.com/starters* 上，找到常見專案起始框架的列表。

本機執行入門

只要在本機電腦上安裝 Node.js，就可以在執行 TypeScript。如果要全域安裝最新版本的 TypeScript，請執行以下命令：

```
npm i -g typescript
```

現在，我們能夠使用 tsc（**TypeScript Compiler**）編譯器命令。嘗試使用 --version 確認設定配置：

```
tsc --version
```

無論安裝是否為 TypeScript 的最新版本，應該列印出類似版本編號 X.Y.Z 的內容：

```
$ tsc --version
Version 4.7.2
```

在本機端執行

現在已經完成安裝 TypeScript，接下來讓我們在建立一個需要執行 TypeScript 程式碼的資料夾。在電腦中的某處建立資料夾後，並執行以下命令，會建立一個新的 *tsconfig.json* 配置設定檔案：

```
tsc --init
```

tsconfig.json 檔案說明 TypeScript 在解析程式碼時所使用的設定。這個檔案中的大多數選項，在本書中並不會逐一介紹（程式語言在編譯中有許多不常見的特殊情況需要解決！）。我們將在第 13 章「配置設定選項」中介紹它們。目前重要的是我們可以執行 tsc，來告訴 TypeScript 編譯該資料夾中的所有檔案，TypeScript 將參考 *tsconfig.json*，獲得任何配置選項。

嘗試添加一個名為 *index.ts* 的檔案，其內容如下：

```
console.blub("Nothing is worth more than laughter.");
```

然後，執行 tsc 並提供 *index.ts* 檔案名稱：

```
tsc index.ts
```

此時應該會收到一個如下所示的錯誤：

```
index.ts:1:9 - error TS2339: 型別 'Console' 沒有屬性 'blub'。

1 console.blub("Nothing is worth more than laughter.");
         ~~~~

找到 1 個錯誤。
```

實際上，console 中不存在 blub。

在我們修正程式碼之前，請注意 tsc 為我們建立了一個 *index.js*，其內容包括 console.blub。

這是一個重要的概念：即使我們的程式碼中有一個型別錯誤，在語法上仍然是完全有效的。TypeScript 編譯器仍會從輸入檔案生成 JavaScript，而不管任何型別錯誤。

修正 *index.ts* 中的程式碼，正確呼叫 `console.log`，並再次執行 `tsc`。在終端介面中應該沒有任何錯誤訊息，並且產生更新後的程式碼檔案 *index.js*：

```
console.log("Nothing is worth more than laughter.");
```

強烈建議讀者在閱讀本書各章節片段時，可在 Playground 上或在支援 TypeScript 的編輯器中，透過執行 TypeScript 語言服務操作它們。獨自練習小型及大型專案，有助於學習上的體驗，在 *https://learningtypescript.com* 上亦能學到的知識。

編輯器功能

建立 *tsconfig.json* 檔案的另一個好處是，當編輯器打開特定資料夾時，會將該資料夾辨識為 TypeScript 專案。例如，在資料夾中以 VS Code 打開，它會分析其中 TypeScript 程式碼的設定，將根據資料夾中的 *tsconfig.json* 檔案中的所有內容。

回顧本章中的程式碼片段，並在編輯器中輸入它們作為練習。當讀者輸入名稱時，應該會看到建議補齊名稱的下拉選單，尤其是對於諸如 `console` 的 `log` 之類成員。

倘若正在使用 TypeScript 語言服務來幫助自己撰寫程式碼，將非常令人高興。你正在成為一名 TypeScript 開發人員！

VS Code 提供很好的 TypeScript 支援，並且它本身是在 TypeScript 中所建構的。我們並非一定要在 VS Code 中使用 TypeScript ── 幾乎所有現代編輯器對 TypeScript 都具有出色的支援，無論是內建或透過外掛程式來提供相關功能 ── 但還是建議至少在閱讀本書後，嘗試在 VS Code 中使用 TypeScript。如果讀者使用其他編輯器，建議開啟所專屬的 TypeScript 支援功能。我們將在第 12 章「使用 IDE 功能」中，更深入地介紹編輯器功能。

哪些是 TypeScript 所無法處理的？

我們既然已經看到 TypeScript 的美妙之處，也必須警告讀者其中的一些限制。每個工具都在某些領域中有出色的表現，而在其他領域則存在某種局限性。

錯誤程式碼的補救措施

TypeScript 可以幫助我們建構 JavaScript，但除了強制型別安全之外，它不會提出任何關於該結構應該是什麼樣的內容提出意見。

TypeScript 是一種讓每個人都應該能夠使用的程式語言，而不是針對單一目標的小眾框架。我們可以在 JavaScript 中，使用的任何架構模式撰寫程式碼，TypeScript 亦將支援它們。

如果有人試圖告訴你 TypeScript 強迫使用類別，或者是很難寫出好的程式碼，又或者有任何程式碼風格的差異，請給他們一個嚴肅的表情，並告訴他們閱讀這本《TypeScript 學習手冊》。TypeScript 不強制執行程式碼樣式選項，例如是否使用類別或函數，也不與任何特定的應用程式框架（如 Angular、React 等）有任何相關連動。

作為 JavaScript 的（大部分）擴充

TypeScript 的設計目標，明確指出它應該：

- 與目前與未來的 ECMAScript 提案保持一致
- 保留所有 JavaScript 程式碼在執行時的行為動作

TypeScript 根本不會嘗試改變 JavaScript 的工作方式。創建者非常努力地避免會額外增加到 JavaScript 或造成 JavaScript 衝突的新功能程式碼。這樣的任務是 TC39 的範疇，TC39 是負責 ECMAScript 本身的技術委員會。

TypeScript 中有一些是多年前增加的舊有功能，來反映 JavaScript 程式碼中的常見案例。這些特性中，大多數要不是相對不常見到，就是已經失去原有的需求性，這在第 14 章「語法擴充」中會簡要說明。建議在大多數情況下避免使用它們。

 截至 2022 年，TC39 正在研究為 JavaScript 增加型別註記的語法。最新的提議是將它們作為一種註解形式，在執行時不會影響程式碼，並且僅限用於 TypeScript 等系統開發時。在 JavaScript 中增加型別註記或類似的東西，還需要很多年，所以本書在其他地方不會提及它們。

執行速度比 JavaScript 慢

有時在網際網路上，我們可能會聽到一些固執己見的開發人員抱怨，TypeScript 在執行時比 JavaScript 慢。這種說法通常是不準確且具有誤導性。TypeScript 對程式碼所做的唯一修改是，如果要求它將程式碼編譯為早期版本的 JavaScript，用來支援較舊的執行環境時，例如 Internet Explorer 11。許多生產框架根本不會使用 TypeScript 的編譯器，而是使用單獨的工具進行轉譯（將原始碼從一種程式編譯語言轉換為另一種），並且讓 TypeScript 僅用於型別檢查。

然而 TypeScript 確實會增加一些時間來建構程式碼。在大多數環境（例如瀏覽器和 Node.js）在執行之前，必須將 TypeScript 程式碼編譯為 JavaScript。大多數建構管道的設定，通常會造成效能損耗可以忽略不計，並且較慢的 TypeScript 某些功能（例如分析程式碼，用來搜尋可能的錯誤）與生成可執行的應用程式碼檔案，可分開完成。

 即使是看似允許直接執行 TypeScript 程式碼的專案，例如 ts-node 和 Deno，它們本身也會在執行之前，將在內部的 TypeScript 程式碼轉換為 JavaScript。

完成進化

網路的演進開發還未完成，而 TypeScript 也沒有。TypeScript 語言不斷收到錯誤修復與功能增加，來滿足 Web 社群不斷變化的需求。我們將在本書中，學習 TypeScript 的基本原則將保持不變，但錯誤訊息、更進階的功能和編輯器的整合，將隨著時間的演進而改變。

事實上，雖然這本書的最新版本是 TypeScript 4.7.2 版本，但當我們開始閱讀它時，可以確定已經發佈了一個更新的版本。在本書中的一些 TypeScript 錯誤訊息，甚至可能已經過時了！

總結

在本章中，將瞭解 JavaScript 的一些主要弱點，以及 TypeScript 的作用和如何開始使用 TypeScript：

- JavaScript 的簡史
- JavaScript 的缺陷：代價高昂的自由、鬆散的文件與功能較弱的開發工具

- 什麼是 TypeScript：程式編譯語言、型別檢查、編譯器和程式語言服務

- TypeScript 的優勢：透過約束、精確的文件和更強大的開發工具來實現自由

- 開始在 TypeScript Playground 和本機端電腦上撰寫 TypeScript 程式碼

- 哪些是對 Typescript 的誤解：對不良程式碼的補救、作為 JavaScript（大部分）擴充、執行速度比 JavaScript 慢，或是已完成的進化版本

 現在我們已經閱讀完本章，在 *https://learningtypescript.com/from-javascript-to-typescript* 上，練習所學到的內容。

如果在執行 TypeScript 編譯器時發現錯誤？
最好動手抓住它們！

第二章

型別系統

JavaScript 的力量
來自靈活性
但最好小心一點！

我們在第 1 章「從 JavaScript 到 TypeScript」中簡單的討論，在 TypeScript 中存在的「型別檢查」，它可以檢視程式碼，分析其工作原理，並讓我們知道在哪裡也許會出錯。但是型別檢查內部到底是如何工作的？

在型別中有什麼？

「型別」是對 JavaScript 變數 *shape* 值可能的形狀描述。「形狀」是指變數值中，存在哪些屬性和方法，以及內建的 typeof 運算符號，將其描述成為什麼。

例如，當我們建立一個初始值為「Aretha」的變數時：

```
let singer = "Aretha";
```

TypeScript 可以推斷或計算出 singer 變數的型別（*type*）為字串。

以下是 TypeScript 中最基本的型別對應於 JavaScript 中的七種原始資料型別（primitive）：

- null
- undefined
- boolean // true 或 false

- string // "", "Hi!", "abc123", …

- number // 0, 2.1, -4, …

- bigint // 0n, 2n, -4n, …

- symbol // Symbol(), Symbol("hi"), …

對於這些數值中的每一種，TypeScript 將它們的型別區分為七個基本原始資料型別之一：

- null; // null

- undefined; // undefined

- true; // boolean

- "Louise"; // string

- 1337; // number

- 1337n; // bigint

- Symbol("Franklin"); // symbol

如果忘記原型的名稱，我們可以在 TypeScript Playground（*https://typescriptlang.org/play*）或 IDE 中在一個帶有原始型別數值前輸入 let，然後將滑鼠停留在變數的名稱上。如螢幕截圖（圖 2-1），顯示字串變數。

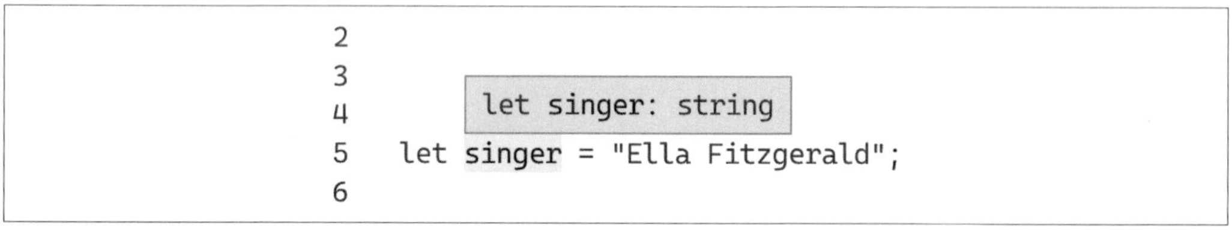

```
2
3
4        let singer: string
5    let singer = "Ella Fitzgerald";
6
```

圖 2-1　TypeScript 停留在字串變數上所顯示的資訊型別

TypeScript 能夠推斷出起始值被計算出來的變數型別。在這個例子中，TypeScript 知道三元運算子表示式，總是產生一個字串，所以 bestSong 變數是一個 string：

```
// 推斷型別：string
let bestSong = Math.random() > 0.5
  ? "Chain of Fools"
  : "Respect";
```

回到 TypeScript Playground（*https://typescriptlang.org/play*）或 IDE，嘗試將游標停在 bestSong 變數上。應該會看到一些資訊或訊息方框，告訴我們 TypeScript 已將 bestSong 變數推斷為型別 string（圖 2-2）。

```
let bestSong: string
let bestSong = Math.random() > 0.5
    ? "Chain of Fools"
    : "Respect";
```

圖 2-2　TypeScript 從三元運算子表示式提示一個 let 變數的字面及型別

 回憶一下 JavaScript 中，物件和原始型別之間的區別：諸如 Boolean 和 Number 之類的類別，及周圍的原始等價型態。在 TypeScript 實做方式，通常分別是參考小寫名稱，例如 boolean 和 number。

型別系統

型別系統（*type system*）是一組規則，用於如何讓程式理解編譯語言中，可能具有的結構型別。

從本質而言，TypeScript 的型別系統透過以下方式工作：

- 讀取我們的程式碼並分析現有的所有型別和數值
- 對於每個數值，檢查其初始宣告，表明它可能包含的型別
- 對於每個數值，檢查稍後在程式碼中，使用它的所有方式
- 如果數值的用途與其型別不相符，則向使用者提出訊息

讓我們詳細介紹一下這種型別推斷過程。

以下面的程式碼片段為例，其中 TypeScript 發出關於成員屬性被錯誤呼叫，此為函數的型別錯誤：

```
let firstName = "Whitney";
firstName.length();
//        ~~~~~~
// 無法呼叫此運算式。
//    型別 'Number' 沒有任何呼叫特徵。
```

TypeScript 收到的資訊順序是：

1. 讀取程式碼並知道有一個名為 firstName 的變數

2. 得出的結論是 firstName 是 string 型別，因為它的初始值「Whitney」是一個 string

3. 看到程式碼正在嘗試存取 firstName 的 .length 成員，並像函數一樣呼叫它

4. 丟出訊息資訊，字串的 .length 成員是數字，不是函數（不能像函數一樣呼叫）

瞭解 TypeScript 的型別系統是理解 TypeScript 程式碼的一項重要技能。本章和接下來章節中的程式碼片段，將看到 TypeScript 能夠從程式碼中，推斷出越來越複雜的型別。

錯誤的種類

在撰寫 TypeScript 時，我們最常遇到的兩種「錯誤」是：

語法（*Syntax*）

    TypeScript 會停止轉換為 JavaScript

型別（*Type*）

    型別檢查時，檢測到不相符的內容

兩者之間的差異很重要。

語法錯誤

語法錯誤是指 TypeScript 檢測到它無法理解的程式碼，其中含有不正確的語法。這些會阻止 TypeScript 從檔案中正確產生 JavaScript 的輸出。根據我們用於將 TypeScript 程式碼轉換為 JavaScript 的工具及設定，雖然很可能仍會得到某種 JavaScript 輸出（在預設的 tsc 設定中是會產生）。但如果這樣做，它可能看起來不會是我們所期望的那樣。

這個輸入 TypeScript 對於意外的 let 存在語法錯誤：

```
let let wat;
//       ~~~
// 錯誤：必須是 ','。
```

根據 TypeScript 編譯器版本，在編譯後的 JavaScript 輸出可能類似於：

```
let let, wat;
```

儘管 TypeScript 會盡最大努力，輸出 JavaScript 程式碼，而不考慮語法是否錯誤，但輸出程式碼可能不是我們想要的。最好在嘗試執行輸出 JavaScript 之前修正語法錯誤。

型別錯誤

當我們的語法有效，但 TypeScript 型別檢查檢測到程式型別異常時，就會產生這樣的錯誤。這不會阻止 TypeScript 語法轉換為 JavaScript。但是，確實會經常發生，如果允許程式碼執行，某些狀況將會當機或出現意外行為。

第 1 章「從 JavaScript 到 TypeScript」中，看到這個 console.blub 的範例，其中程式碼在語法上是有效的，但 TypeScript 可以檢測到它在執行時，可能會當機：

```
console.blub("Nothing is worth more than laughter.");
//      ~~~~
// 錯誤：型別 'Console' 沒有屬性 'blub'。
```

儘管 TypeScript 可能會在存在型別錯誤的情況下產出 JavaScript 程式碼，但型別錯誤通常說明輸出的 JavaScript，可能不會按照想要的方式執行。最好在執行 JavaScript 之前，閱讀並考慮修正任何報告的問題。

某些專案設定配置為在開發過程中阻止執行程式碼，直到所有 TypeScript 型別錯誤（不僅僅是語法）都得到修正。許多開發人員，包括作者自己，通常都覺得這很煩人，而且沒有必要。大部分專案都有不被停止的方法，例如使用 *tsconfig.json* 檔案和第 13 章「配置設定選項」中所介紹的內容。

可指派性

TypeScript 讀取變數的初始值，用以確保這些變數的允許型別。如果稍後看到這個變數指派一個新的數值，將會檢查新數值的型別是否與該變數的型別相同。

TypeScript 可以稍後將相同型別的不同數值指派給變數。例如，如果一個變數最初是一個 string 值，那麼稍後指派另一個 string 就是正確的：

```
let firstName = "Carole";
firstName = "Joan";
```

如果 TypeScript 看到一個不同型別的數值，它會發出一個型別錯誤。例如說，我們宣告一個變數是 string 值，後續不能再放入一個 boolean：

```
let lastName = "King";
lastName = true;
// 錯誤：型別 'boolean' 不可指派給型別 'string'。
```

TypeScript 檢查是否允許將數值提供給函數呼叫或變數存取，稱之為可指派性（*assignability*）：此數值是否可指派，傳遞到如預期的型別之中。當我們面對更複雜的物件時，這將是接下來章節中的一個重要術語。

瞭解可指派性錯誤

「型別…不可指派給型別…」的格式錯誤，將是我們在撰寫 TypeScript 程式碼時，最常見的錯誤類型之一。該錯誤訊息中提到的第一種型別，是程式碼試圖指派給接收變數的數值。而第二種型別是指派給第一種型別的接收者。例如，當我們在前面的程式碼片段中輸入 lastName = true 時，其中試圖將 true 的值（boolean 型別）指派給接收變數 lastName（string 型別）。

隨著本書的深入探討，將會看到越來越複雜。關於指派性問題，請記住，仔細閱讀程式碼回報的資訊，才能理解實際型別和預期型別之間差異。這樣做會讓我們更容易使用 TypeScript，因為它讓語法錯誤無所遁形。

型別註記

有的時候，變數沒有提供可讓 TypeScript 讀取的初始數值。TypeScript 不會從之後的使用中，嘗試找出變數的初始型別。在預設情況下，它會默認變數是 any 型別：它可以明確意指世界上的任何東西。

無法推斷其初始型別的變數，會經歷所謂的會演變的 *any*（*evolving any*）：TypeScript 不會強制執行任何特定型別，而是會在每次指派新數值時的改變，對變數型別的做解析。

在這裡的指派演進，首先變數 rocker 由 any 指派為一個字串，這意指著它含有 toUpperCase 之類的字串方法，然後演進成一個 number：

```
let rocker; // 型別：any

rocker = "Joan Jett"; // 型別：string
rocker.toUpperCase(); // 正確
```

```
rocker = 19.58; // 型別：number
rocker.toPrecision(1); // 正確

rocker.toUpperCase();
//     ~~~~~~~~~~~
// 錯誤：型別 'number' 沒有屬性 'toUpperCase'。
```

TypeScript 能夠捕捉到我們正在對演進為 number 型別的變數，呼叫 toUpperCase() 方法。但它無法更早通知我們，是否有意將變數從字串演進為 number。

允許變數演進的 any 型別，並且頻繁使用 any 型別，這個部分違背了 TypeScript 型別檢查的目的！當 TypeScript 知道數值應該是什麼型別時，其效果是最好的。許多 TypeScript 的型別檢查，不能應用在 any 型別的數值上，因為它們沒有已知型別可檢查。第 13 章「配置設定選項」，將介紹如何設定 TypeScript 的不明確 any 的檢驗。

TypeScript 提供了一種無須為其指派初始值，即可宣告變數型別的語法，稱為**型別註記**（*type annotation*）。型別註記放在變數名之後，包含一個冒號，之後緊跟著一個型別名稱。

以下的型別註記表示 rocker 變數應為 string 型別：

```
let rocker: string;
rocker = "Joan Jett";
```

這些型別註記僅存在於 TypeScript 中，它們不會影響執行時程式碼，並且不是有效的 JavaScript 語法。如果我們執行 tsc 將 TypeScript 原始碼編譯為 JavaScript，它們將會被清除。例如，前面的範例，將被編譯為大致如下的 JavaScript 內容：

```
// 產生的 .js 檔案
let rocker;
rocker = "Joan Jett";
```

將一個數值指派給已被註記過型別，且型別也不相符的變數，將導致型別錯誤。

此段程式碼將一個數字指派給先前宣告為型別 string 的 rocker 變數，進而導致型別錯誤：

```
let rocker: string;
rocker = 19.58;
// 錯誤：型別 'number' 不可指派給型別 'string'。
```

在接下來的章節中，將看到型別註記是如何讓 TypeScript 強化對程式碼的解析能力，進而在開發過程中為我們提供更好的功能。TypeScript 包含各式各樣的新語法，例如這些僅存在於型別系統中的型別註記。

 僅存在於型別系統中的任何內容，都不會被複製到輸出的 JavaScript 中。因此 TypeScript 型別不會影響 JavaScript。

不必要的型別註記

型別註記允許向 TypeScript 提供它自己無法蒐集的資訊。也可以在具有立即可推斷型別的變數上使用它們，但無須告訴 TypeScript 任何它不知道的東西。

如下：string 型別註記是多餘的，因為 TypeScript 已經可以推斷出 firstName 是 string 型別：

```
let firstName: string = "Tina";
//            ~~~~~~~~ 不能改變型別系統 ...
```

如果我們確實為具有初始值的變數添加型別註記，TypeScript 將檢查它是否與變數值的型別相符來做比對。

下面的 firstName 被宣告為 string 型別，但它的初始值設定項是 number 42，TypeScript 會認為這是不相容的：

```
let firstName: string = 42;
//  ~~~~~~~~~
// 錯誤：型別 'number' 不可指派給型別 'string'。
```

許多開發人員，包括作者本身，通常不喜歡在不會改變任何東西的變數上，增加型別註記。必須手動寫出型別註記可能很麻煩，尤其是當它們發生變化時，對於複雜型別的例子，將會在本書後面章節中看到。

有時在變數上包含明確型別註記，可以清楚地記錄程式碼，或使 TypeScript 防止意外修改變數型別將會很有用。我們將在後面的章節中，看到明確型別註記，有時如何以明顯方式告知 TypeScript 資訊，而不會進行一般推斷。

型別樣式

TypeScript 不僅僅檢查指派給變數的數值，是否與它們的原始型別一致。還知道物件上應該存在哪些成員屬性。如果我們嘗試存取變數的屬性，TypeScript 將確保該屬性存在已知的變數型別上。

假設宣告了一個 string 型別的 rapper 變數。稍後，當使用到 rapper 變數時，TypeScript 知道它對字串作用的相關操作是被允許的：

```
let rapper = "Queen Latifah";
rapper.length; // 正確
```

不允許 TypeScript 對未明確的字串進行相關操作：

```
rapper.push('!');
//     ~~~~
// 型別 'string' 沒有屬性 'push'。
```

型別也可以是更複雜的樣式，尤其是物件。在下面的程式碼片段中，TypeScript 知道 cher 物件沒有 middleName 屬性，而提出警示：

```
let cher = {
  firstName: "Cherilyn",
  lastName: "Sarkisian",
};

cher.middleName;
//   ~~~~~~~~~~
// 型別 '{ firstName: string; lastName: string; }' 沒有屬性 'middleName'。
```

TypeScript 針對物件樣式的理解，使其能夠指出物件在使用方面的問題，而不僅僅判斷指派性。第 4 章「物件」將有更多描述 TypeScript 圍繞物件和物件型別之間的強大功能。

模組

JavaScript 程式編譯語言直到最近才有明確定義，包含如何在檔案之間彼此共用程式碼的規範。ECMAScript 2015 增加了「ECMAScript 模組」或 ESM，用以標準化檔案之間的 import 和 export 語法。

參考以下部分，這個模組檔案，從相同層級 ./values 檔案中，匯入一個值並匯出一個 doubled 變數：

```
import { value } from "./values";

export const doubled = value * 2;
```

為了與 ECMAScript 規範互相做比對，在本書中將使用以下命名規則：

模組（*Module*）

具有最高層級匯出（export）或匯入（import）的檔案

指令稿（*Script*）

任何不是模組的檔案

TypeScript 能夠處理這些現代模組檔案以及舊有檔案。在模組檔案中，宣告的任何內容都將只在該檔案中操作，除非該檔案中的明確語句將其匯出。在一個模組中宣告的變數與在另一個檔案中宣告的變數，假使同名也不會被視為命名衝突（除非一個檔案匯入另一個檔案的變數）。

以下 a.ts 和 b.ts 檔案都是存在模組之中，匯出相似名稱的 shared 變數。c.ts 導致型別錯誤，因為它在匯入的 shared 和本身的數值之間，存在命名衝突：

```
// a.ts
export const shared = "Cher";

// b.ts
export const shared = "Cher";

// c.ts
import { shared } from "./a";
//       ~~~~~~
// 錯誤：匯入宣告與 'shared' 的區域宣告衝突。

export const shared = "Cher";
//           ~~~~~~
// 錯誤：合併宣告 'shared' 中的個別宣告必須全部匯出或全在本機上。
```

但是，如果檔案是指令稿，TypeScript 會認為是全域範圍，這表示所有指令稿都可以存取其中的內容。這意味著在指令稿的檔案中，宣告的變數不能與其他指令稿檔案中宣告的變數有相同名稱。

以下 a.ts 和 b.ts 檔案被視為指令稿，因為它們沒有模組樣式的 export 或 import 語句。這說明它們出現相同名稱變數，相互衝突，就好像它們在同一個檔案中宣告一樣：

```
// a.ts
const shared = "Cher";
//    ~~~~~~
// 無法重新宣告區塊範圍變數 'shared'。

// b.ts
const shared = "Cher";
//    ~~~~~~
// 無法重新宣告區塊範圍變數 'shared'。
```

如果我們在 TypeScript 檔案中，看到這些「無法重新宣告 ...」的錯誤，可能是因為尚未向檔案添加 export 或 import 語句。根據 ECMAScript 規範，如果需要將檔案變成為一個沒有 export 或 import 語句的模組，我們可以增加 export {}; 在檔案中的某一處，強制讓它成為一個模組：

```
// a.ts and b.ts
const shared = "Cher"; // 正確

export {};
```

 若使用較舊的模組系統（如 CommonJS）所撰寫的 TypeScript 檔案，TypeScript 將無法辨識匯入和匯出的型別。通常會看到 TypeScript 從 CommonJS 回傳的數值，要求將 require 函數型別設定為 any。

總結

在本章中，我們瞭解 TypeScript 型別系統的核心工作原理：

- 什麼是「型別」以及 TypeScript 辨識的原始型別
- 什麼是「型別系統」以及 TypeScript 的型別系統如何分析程式碼
- 型別錯誤和語法錯誤之間的比較
- 推斷變數型別和變數可指派性
- 型別註記以明確宣告變數型別，並避免演進 any 型別

- 檢查型別樣式的物件成員

- 與指令稿檔案相比，ECMAScript 模組檔案的宣告範圍

現在已經讀完本章，至 *https://learningtypescript.com/the-type-system* 加以
練習所學到的東西。

為什麼數字和字串會分開？
它們不是彼此的菜。

第三章

聯集與字面

沒有什麼是固定不變

參數也許會隨著時間而改變

（好吧，除了常數以外）

第 2 章「型別系統」，介紹其中的概念，以及它如何讀取數值來分析變數的型別。接下來介紹 TypeScript 用來在這些數值上，進行推斷的兩個關鍵概念：

聯集（*Unions*）

　　將數值的允許型別擴充為兩種或多種可能的型別

窄化（*Narrowing*）

　　將數值的允許型別盡量減少，而非一種或多種可能的型別

簡而言之，聯集和窄化是強大的概念，它允許 TypeScript 對程式碼做出許多其他主流語言無法做到的聰明推斷。

聯集型別

判斷這個 mathematician 變數：

```
let mathematician = Math.random() > 0.5
    ? undefined
    : "Mark Goldberg";
```

mathematician 是什麼型別？

可以是 undefined，也可以是 string，即使都是潛在的型別。mathematician 可以是 undefined 或 string 的其中一個。這種「非此即彼」型別，稱為聯集（*union*）。聯集型別是一個很棒的概念，可以讓我們處理不確定數值是哪種型別，但大概略知是兩種或多種選項之一的程式碼案例。

TypeScript 使用 |（管道）運算符號，來表示數值可能的型別或組成聯合起來。先前的 mathematician 型別被認為是 string | undefined。將滑鼠游停在 mathematician 變數上，將會顯示其型別為 string | undefined（圖 3-1）。

```
          ┌─────────────────────────────────────────┐
          │ let mathematician: string | undefined    │
          └─────────────────────────────────────────┘
let mathematician = Math.random() > 0.5
    ? undefined
    : "Mark Goldberg";
```

圖 3-1　TypeScript 回報 mathematician 變數型別為 string | undefined

宣告聯集型別

聯集型別即使它具有初始值，變數也許提供有用的明確型別註記的一種情況。在此範例中，thinker 從 null 開始，但已知可能包含一個 string。給定一個明確的 string | null 型別註記，意味著 TypeScript 將允許為它指派 string 型別的數值：

```
let thinker: string | null = null;

if (Math.random() > 0.5) {
    thinker = "Susanne Langer"; // 正確
}
```

聯集型別宣告可以放置在使用型別註記宣告的任何位置上。

> 聯集型別宣告的先後順序無關緊要。我們可以寫 boolean | number 或 number | boolean，兩者對 TypeScript 將視為完全相同。

聯集屬性

當一個數值已知為聯集型別時，TypeScript 將只允許存取在聯集型別上，所有可能的成員屬性。如果我們嘗試存取並非所有可能存在的型別，將得到一個型別檢查錯誤。

在以下程式碼中，physicist 的型別為 number | string。雖然 .toString() 在這兩種型別中都存在也允許使用 .toUpperCase() 和 .toFixed()，這是因為 number 型別缺少 .toUpperCase()，而 string 型別缺少 .toFixed()：

```
let physicist = Math.random() > 0.5
    ? "Marie Curie"
    : 84;

physicist.toString(); // 正確

physicist.toUpperCase();
//        ~~~~~~~~~~~
// 錯誤：型別 'string | number' 沒有屬性 'toUpperCase'。
//    型別 'number' 沒有屬性 'toUpperCase'。

physicist.toFixed();
//        ~~~~~~~
// 錯誤：型別 'string | number' 沒有屬性 'toFixed'。
//    型別 'string' 沒有屬性 'toFixed'。
```

限制對所有聯集型別存取不存在的屬性是一種安全措施。如果不知道一個物件所包含屬性型別的定義，嘗試使用該屬性是不安全的。這樣的屬性可能不存在！

要使用僅存在於潛在聯集型別上的子集合型別之屬性值，我們需要向 TypeScript 在程式碼中提出更具體說明，哪個位置的數值是哪些型別之一：這稱為一個窄化（*narrowing*）的過程。

窄化

窄化是指程式碼中，推斷出一個數值的型別，以及它的定義、宣告或先前推斷的型別，使之更具體化。一旦 TypeScript 知道一個數值的型別比，先前知道的更窄小，將允許我們將變數視為更具體的型別。可用於縮小型別的邏輯檢查，稱為**型別防護**（*type guard*）。

讓我們介紹一下 TypeScript 可以用來從程式碼中，推斷型別縮小的兩種常見型別防護。

指派的窄化

如果直接為變數指派數值，TypeScript 會將變數的型別窄化到該值的型別。

在這裡，admiral 變數最初宣告為一個 number | string，但是在被指派數值為「Grace Hopper」後，會知道它必須是一個 string：

```
let admiral: number | string;

admiral = "Grace Hopper";

admiral.toUpperCase(); // 正確：string

admiral.toFixed();
//       ~~~~~~~
// 錯誤：型別 'string' 沒有屬性 'toFixed'。
```

當一個變數被賦予一個明確的聯集型別註記和一個初始值時，指派數值就會發揮縮小作用。TypeScript 能理解，雖然變數稍後可能會接收到任何聯集型別的數值，但一開始它只是其初始值的型別。

在下面的程式碼片段中，inventor 被宣告為型別 number | string，但 TypeScript 知道後會立即從初始值窄化為 string：

```
let inventor: number | string = "Hedy Lamarr";

inventor.toUpperCase(); // 正確：string

inventor.toFixed();
//       ~~~~~~~
// 錯誤：型別 'string' 沒有屬性 'toFixed'。
```

條件檢查

撰寫 if 語句檢查變數是否等於已知數值是，讓 TypeScript 窄化變數值的常用方法，並且可以聰明理解在主體中 if 的語句中，變數必須與已知數值的型別相同：

```
// scientist 的型別：number | string
let scientist = Math.random() > 0.5
    ? "Rosalind Franklin"
    : 51;

if (scientist === "Rosalind Franklin") {
    // scientist 的型別：string
    scientist.toUpperCase(); // 正確
}

// scientist 的型別：number | string
scientist.toUpperCase();
//        ~~~~~~~~~~~
```

```
//  錯誤：型別 'string | number' 沒有屬性 'toUpperCase'。
//      型別 'number' 沒有屬性 'toUpperCase'。
```

使用條件邏輯窄化 TypeScript 的型別檢查，邏輯反映出良好的 JavaScript 編碼模式。如果一個變數可能是幾種型別之一，通常需要檢查是否是我們需要的型別。TypeScript 迫使我們安全地使用程式碼。感謝 TypeScript！

型別檢查

除了直接對數值檢查，TypeScript 還可以 typeof 運算符號來辨識窄化變數型別。與 scientist 範例類似，檢查 typeof researcher 是否為「string」，向 TypeScript 確認 researcher 的型別必須是 string：

```
let researcher = Math.random() > 0.5
    ? "Rosalind Franklin"
    : 51;

if (typeof researcher === "string") {
    researcher.toUpperCase(); // 正確: string
}
```

邏輯的否定！，以及 else 語句也可以一併使用：

```
if (!(typeof researcher === "string")) {
    researcher.toFixed(); // 正確: number
} else {
    researcher.toUpperCase(); // 正確: string
}
```

這些程式碼片段可以利用三元運算子（ternary statement）重新撰寫，也支援型別窄化：

```
typeof researcher === "string"
    ? researcher.toUpperCase() // 正確: string
    : researcher.toFixed(); // 正確: number
```

無論用哪一種方式撰寫，typeof 檢查，都是一種很常見、實用的窄化型別方法。

TypeScript 的型別檢查可以識別更多形式的窄化範圍，將在後面的章節中看到。

字面型別

既然已經討論聯集型別和窄化處理，可能是兩個或多個潛在型別的值，想透過帶入**字面型別**（*literal types*）往反方向走：用以表達更具體的原始型別版本。

讀取這個 philosopher 變數：

```
const philosopher = "Hypatia";
```

這個 philosopher 是什麼型別？

乍看之下，可能會說 string——沒錯。philosopher 確實是一個 string。

但 philosopher 不單只是任何舊的 string。特別是數值「Hypatia」。因此，philosopher 變數的型別，在技術上更具體的說法是「Hypatia」。

這就是**字面型別**（*literal type*）的概念：很具體得知原始語句的特定數值型別，而不是透過那些在原始語句中，任何其他部分的數值。原始型別 string 表示可能存在所有可能字串的集合；但字面型別「Hypatia」只表示那個字串。

如果將一個變數宣告為 const，並直接給一個固定值，TypeScript 將會把該變數推斷為字面數值，並視作為一種型別。這就是為什麼當我們在 IDE（例如 VS Code）中，將滑鼠游標停留在波浪符號且具有初始文字的 const 變數程式碼上時，會將變數的型別顯示那些字面文字（圖 3-2）而非一般原始文字（圖 3-3）。

```
const mathematician: "Mark Goldberg"
const mathematician = "Mark Goldberg";
```

圖 3-2　TypeScript 將 const 變數辨識為特定於其字面型別

```
let mathematician: string
let mathematician = "Mark Goldberg";
```

圖 3-3　TypeScript 辨識 let 變數，通常是其原始型別

我們可以將每個**原始型別**，視為每個可能符合字面數值的聯集。換句話說，原始型別應該是型別所有可能的文字數值的集合。

除了 boolean、null 和 undefined 型別之外，所有其他原始型別（例如 number 和 string）都有無限多個的字面型別。我們在典型的 TypeScript 程式碼中找到的常見型別就是：

- boolean：只是 true | false

- null 和 undefined：兩者都只有一個字面數值，就是它們自己

- number：0 | 1 | 2 | ... | 0.1 | 0.2 | ...

- string："" | "a" | "b" | "c" | ... | "aa" | "ab" | "ac" | ...

聯集型別註記，可以在文字和原始型別之間混合和比對。例如，以下例子，變數 lifespan 可以用任意數字或幾個已知情況的其中之一來表示：

```
let lifespan: number | "ongoing" | "uncertain";

lifespan = 89; // 正確
lifespan = "ongoing"; // 正確

lifespan = true;
// 錯誤：型別 'true' 不可指派給類型 'number | "ongoing" | "uncertain"'。
```

字面指派性

我們已經看到不同的原始型別（例如 number 和 string）是如何不能相互指派的。相同地，同一原始型別中，不同字面型別（例如 0 和 1）不能相互指派。

在以下例子中，specificallyAda 被宣告為字面型別「Ada」，雖然指派給它「Ada」，但型別「Byron」和 string 不能指派給它：

```
let specificallyAda: "Ada";

specificallyAda = "Ada"; // 正確

specificallyAda = "Byron";
// 錯誤：型別 '"Byron"' 不可指派給型別 '"Ada"'。

let someString = ""; // 型別：string

specificallyAda = someString;
// 錯誤：型別 'string' 不可指派給型別 '"Ada"'。
```

但是，允許將字面型別指派給對應的原始型別。任何特定的字面字串仍然是 string。

在此程式碼範例中，「:)」型別的數值「:)」，被指派給之前推斷為 string 型別的 someString 變數：

```
someString = ":)";
```

有誰會想到一個簡單的變數指派內容，在理論上會如此細微？

嚴格的 null 檢查

當使用到可能未定義的數值時，使用字面窄化和聯集的能力尤其明顯。TypeScript 將型別系統此部分稱為嚴格的 *Null* 檢查（*strict null checking*）。TypeScript 是也是多數現代程式編譯語言的一部分，利用嚴格的 null 檢查，來修復「十億美元的錯誤」（The Billion-Dollar Mistake）。

十億美元的錯誤

> 我稱之為我的十億美元錯誤。在 1965 年 null 的發明之後，參考這個數值，導致無數錯誤、漏洞和系統當機，在過去 40 年中可能造成數十億美元的痛苦和損失。
>
> —Tony Hoare, 2009

「十億美元的錯誤」是許多型別系統的一個吸引人的專業術語，允許在需要不同型別的地方使用空值（null）。在沒有嚴格檢查空值的語言中，會出現下面這樣將 null 指派給 string 的程式碼：

```
const firstName: string = null;
```

如果之前曾經使用過諸如 C++ 或 Java 之類的型別語言，並且遭受過十億美元的錯誤，可能會對那些語言沒有禁止這樣的事情感到驚訝。如果從未使用過嚴格檢查空值的程式語言，那麼它們一開始就允許這樣的錯誤，會令人感到詫異！

TypeScript 編譯器包含許多允許修改執行方式的選項。第 13 章「配置設定選項」將深入介紹 TypeScript 編譯器選項。最有功效的選項之一是加入 strictNullChecks，切換是否開啟嚴格的空值檢查。簡單的說，關閉 strictNullChecks，會讓 | null | undefined 增加到程式碼中的每一種型別之中，因此允許任何變數接收 null 或 undefined。

將 strictNullChecks 選項設定為 false，之後程式碼會被認為是完全型別安全。但這是錯誤的；當存取 .toLowerCase 時，nameMaybe 可能 undefined：

```
let nameMaybe = Math.random() > 0.5
    ? "Tony Hoare"
    : undefined;

nameMaybe.toLowerCase();
// 潛在的執行時期：無法讀取未定義的屬性 'toLowerCase'。
```

開啟嚴格的空值檢查後，TypeScript 會在程式碼片段中發現潛在的當機危險：

```
let nameMaybe = Math.random() > 0.5
    ? "Tony Hoare"
    : undefined;


nameMaybe.toLowerCase();
// 錯誤：物件可能是 undefined。
```

如果不開啟嚴格的空值檢查，就很難知道我們的程式碼是否可以避免由於意外 null 或 undefined 值而導致的錯誤。

最佳 TypeScript 的實踐方式，通常是開啟嚴格空值檢查。這樣做有助於防止當機，並遠離數十億美元的錯誤。

真值的窄化

回想一下 JavaScript 中的**真實性**，或者確切的說，當一個 Boolean 值在前後文（例如 && 運算符號或 if 語句）中被計算時，是否被認為是 true。

JavaScript 中的所有值都是真值（truthy），除了那些定義為假值（falsy），如：false、0、-0、0n、""、null、undefined 和 NaN[1]。

如果變數的一些潛在數值可能是為真，TypeScript 還可以透過真假值檢查來窄化變數的型別。在以下程式碼片段中，geneticist 的型別為 string | undefined，並且因為 undefined 總是為假值，TypeScript 可以推斷它在 if 語句的主體中必須是 string 型別：

```
let geneticist = Math.random() > 0.5
    ? "Barbara McClintock"
    : undefined;

if (geneticist) {
    geneticist.toUpperCase(); // 正確：string
}

geneticist.toUpperCase();
// 錯誤：物件可能是 undefined。
```

執行真假值檢查在邏輯運算符號也可以運作，即 && 和 ?.：

```
geneticist && geneticist.toUpperCase(); // 正確：string | undefined
geneticist?.toUpperCase(); // 正確：string | undefined
```

---

1 瀏覽器中已廢止使用的 document.all 物件，在舊版瀏覽器相容性的殘留缺點中，也被定義為假的。基於本書的目標，以及你做為開發人員的福祉，請不要擔心 document.all。

不幸的是，真假值檢查並沒有其他替代方式。如果只知道一個 string | undefined 數值是假的，這並不能告訴我們它是空字串還是 undefined。

例如這裡 biologist 的型別為 false | string，雖然在 if 語句結構中可以窄化到 string，但如果是 ""，在 else 語句結構中，仍然可以知道它是字串：

```
let biologist = Math.random() > 0.5 && "Rachel Carson";

if (biologist) {
    biologist; // 型別：string
} else {
    biologist; // 型別：false | string
}
```

沒有初始值的變數

沒有初始值的變數宣告在 JavaScript 預設中為 undefined。在型別系統中提出了一個邊緣特殊情況：如果我們將變數宣告為一個不包含 undefined 的型別，然後在指派數值之前嘗試使用它怎麼辦？

TypeScript 相當聰明，可以分析變數在指派數值之前是 undefined。如果我們在指派值之前，嘗試使用該變數（例如透過存取其屬性之一），將會回報特殊的錯誤訊息：

```
let mathematician: string;

mathematician?.length;
// 錯誤：變數 'mathematician' 已在指派之前使用。

mathematician = "Mark Goldberg";
mathematician.length; // 正確
```

請注意，如果變數的型別包括 undefined，則此回報將不適用。加入 | undefined 到變數的型別，告知 TypeScript 不需要在使用前定義，因為 undefined 是其值的有效型別。

如果前面程式碼片段中的 mathematician，其型別是 string | undefined 則不會發出任何不明確的錯誤：

```
let mathematician: string | undefined;

mathematician?.length; // 正確

mathematician = "Mark Goldberg";
mathematician.length; // 正確
```

型別別名

我們將在程式碼中看到的大多數聯集型別,通常只有兩個或三個部分所組成。但是,有時可能會發現不方便重複輸入較長聯集型別。

以下這些變數中,每一個都可以是四種可能的型別之一:

```
let rawDataFirst: boolean | number | string | null | undefined;
let rawDataSecond: boolean | number | string | null | undefined;
let rawDataThird: boolean | number | string | null | undefined;
```

TypeScript 包含型別別名(*type aliases*),用於重複使用指派型別,變為更簡單的名稱。型別別名以關鍵字 type、一個新的名稱、= 和任何型別作為開頭。依照慣例,型別別名以 PascalCase(駝峰式大小寫)命名:

```
type MyName = ...;
```

型別別名,可以想成型別系統中的複製貼上。當 TypeScript 看到一個型別別名時,就像我們輸入型別別名所意指的實際型別一樣。可以覆寫之前變數的型別註記,使用長串聯集型別的別名:

```
type RawData = boolean | number | string | null | undefined;

let rawDataFirst: RawData;
let rawDataSecond: RawData;
let rawDataThird: RawData;
```

這變得更容易閱讀!

當型別開始變得複雜時,型別別名的使用是在 TypeScript 中的一個相當便利的功能。目前,這裡僅包含長串聯集型別;稍後將包括陣列、函數和物件型別。

JavaScript 沒有型別別名

型別別名(如型別註記)在編譯時,不會輸出 JavaScript。它們僅僅存在於 TypeScript 型別系統中。這些程式碼片段將大致編譯為 JavaScript 後,如下:

```
let rawDataFirst;
let rawDataSecond;
let rawDataThird;
```

因為型別別名純粹發生在型別系統中，若在執行時期的程式碼是不能參考它們。如果在執行時，嘗試存取不存在的內容，TypeScript 會提示我們型別錯誤：

```
type SomeType = string | undefined;

console.log(SomeType);
//          ~~~~~~~~
// 錯誤：'SomeType' 只會參考型別，但此處將其用為值。
```

型別別名是單純作為開發建構時所建立的。

型別別名的組合

型別別名可以參考其他型別別名。有時讓型別別名相互參考會很有幫助。例如，當一個型別別名是聯集型別時，該聯集型別包含在另一個型別別名之中（是聯集型別的超集合）。

因此，以下 IdMaybe 型別是 Id 中的型別以及 undefined 和 null 的聯集：

```
type Id = number | string;

// 相當於：number | string | undefined | null
type IdMaybe = Id | undefined | null;
```

型別別名不必依照使用順序宣告。我們可以在檔案中，在較早的位置宣告型別別名，然後在稍後的宣告參考別名。

可以重寫前面的程式碼片段，以使 IdMaybe 出現在 Id 之前：

```
type IdMaybe = Id | undefined | null; // 正確
type Id = number | string;
```

總結

在本章中，我們理解在 TypeScript 中的聯集與字面型別，以及型別系統是如何從我們程式碼的結構中推導並產生出更具體（更窄化）的型別：

- 聯集型別如何表示數值，可能為兩種或多種型別之一

- 使用型別註記明確說明聯集型別

- 型別窄化如何減少數值可能的型別

- 帶有字面型別的 const 變數和帶有原始型別的 let 變數，兩者之間的區別

- 「十億美元的錯誤」以及 TypeScript 如何處理嚴格的空值檢查

- 明確宣告 | undefined，表示可能不存在的值

- 不明確宣告 | undefined 用於未指派的變數

- 使用型別別名來避免重複輸入過長的聯集型別

 本章已經結束，現在到 *https://learningtypescript.com/unions-and-literals* 練習學到的內容。

為什麼 const 變數如此重要？
它們把自己看得太名副其實。

第四章

物件

物件字面代表著
一組鍵值和數值
每個都有自己的型別

在第 3 章「聯集與字面」中,使用諸如 boolean 之類的原始型別和它們的字面數值(例如 true),填充聯集型別的內容。這些原始型別只觸及到 JavaScript 程式碼中的一部分,然而真實常用的物件型態是相當複雜,TypeScript 勢必需要表示這些物件。本章將介紹如何描述複雜的物件型態,以及 TypeScript 如何檢查物件的指派性。

物件型別

當我們使用 {...} 語法建立物件字面形態時,TypeScript 將根據其屬性將其視為新的物件型別或型別形態。此物件型別將具有與物件數值相同的屬性名稱和原始型別。可以使用 value.member 或等效的 value['member'] 語法存取變數的屬性。

TypeScript 能分析出以下 poet 的變數是具有兩個屬性的物件型別:born 為 number 型別、name 為 string 型別。將允許存取這些成員,但嘗試存取任何其他成員名稱,會導致該名稱不存在的型別錯誤:

```
const poet = {
    born: 1935,
    name: "Mary Oliver",
};

poet['born']; // 型別 : number
poet.name; // 型別 : string
```

```
poet.end;
//    ~~~
// 錯誤：型別 '{ born: number; name: string; }' 沒有屬性 'end'。
```

物件型別是 TypeScript 如何解析 JavaScript 程式碼的核心概念。除了 null 和 undefined 之外的每個數值或成員中都有其支援型別，因此 TypeScript 必須理解每個值的物件型別才能對其進行型別檢查。

宣告物件型別

直接從現有物件推斷型別是個不錯的主意，但最終我們將希望能夠以明確宣告物件的型別。我們需要一種方法來將物件形態與滿足它的物件分開描述。

使用物件型別可以看起來類似於物件字面，但會使用型別而不是字面數值的語法來做描述。這在與 TypeScript 型別可指派性的錯誤訊息中，所顯示的語法相同。

這個 potentLater 變數與之前的 name:string 和 born:number 型別相同：

```
let poetLater: {
    born: number;
    name: string;
};

// 正確
poetLater = {
    born: 1935,
    name: "Mary Oliver",
};

poetLater = "Sappho";
// 錯誤：型別 'string' 不可指派給型別 '{ born: number; name: string; }'。
```

物件型別別名

反覆寫出像 { born: number; name: string; } 會很快令人感到厭煩。更常見的是使用型別別名，來為每個型別形態指派一個名稱。

前面的程式碼片段可以用型別 Poet 來重新寫過，帶來的額外好處是可讀性的增加之外，並且讓 TypeScript 對於可指派性錯誤訊息做更直接的偵測：

```
type Poet = {
    born: number;
    name: string;
```

```
};

let poetLater: Poet;

// 正確
poetLater = {
    born: 1935,
    name: "Sara Teasdale",
};

poetLater = "Emily Dickinson";
// 錯誤：型別 'string' 不可指派給型別 'Poet'。
```

 大多數 TypeScript 專案更喜歡使用 interface 關鍵字來描述物件型別，這
是在第 7 章「介面」之前不會介紹的功能。物件型別別名和介面幾乎相
同：本章所有內容也適用於介面。

提出這些物件型別是因為，透過逐步分析 TypeScript 如何解釋物件，來理解 TypeScript
型別系統的重要部分。一旦閱讀到本書下一部分的特性，這些概念將變得很重要。

結構型別

TypeScript 的型別系統是*結構化型別*（*structuraly typed*）：意味著任何滿足型別的數
值，都可以用作該型別。換句話說，當我們宣告參數或變數屬於特定物件型別時，就是
在告訴 TypeScript，無論如何使用什麼物件，它們都需要具有這些屬性。

接下來的範例，WithFirstName 和 WithLastName 別名物件型別都只宣告一個 string 型別
的成員。hasBoth 變數恰好同時具有兩者各自屬性——即使沒有以明確宣告——所以它能
夠提供給兩種別名物件型別中的任何一種變數：

```
type WithFirstName = {
  firstName: string;
};

type WithLastName = {
  lastName: string;
};

const hasBoth = {
  firstName: "Lucille",
  lastName: "Clifton",
};
```

```
// 正確：hasBoth 包含型別 string 的 WithFirstName 屬性
let withFirstName: WithFirstName = hasBoth;

// 正確：hasBoth 包含型別 string 的 withLastName 屬性
let withLastName: WithLastName = hasBoth;
```

結構型別與鴨子型別（*duck typing*）有所不同，後者來自片語「如果它看起來像鴨子，叫起來像鴨子，那它可能就是一隻鴨子」。

- 結構型別適用於當一個靜態型別檢查時，而在 TypeScript 的例子中是型別檢查。
- 鴨子型別是指在執行時使用，在執行之前沒有檢查物件型別。

總之：*JavaScript* 是鴨子型別，而 *TypeScript* 是結構化型別。

使用檢查

當向使用物件型別註記的位置上提供數值時，TypeScript 將檢查該值是否可指派給該物件型別。首先，這個數值必須具有物件型別所需要的屬性。如果物件中缺少物件型別所需的任何成員，TypeScript 將發出型別錯誤。

接下來的 FirstAndLastNames 別名物件型別要求 first 和 last 屬性都要存在。允許在宣告為 FirstAndLastNames 型別的變數中，使用物件需包含這兩者，但若沒有這兩者則物件不能操作：

```
type FirstAndLastNames = {
  first: string;
  last: string;
};

// 正確
const hasBoth: FirstAndLastNames = {
  first: "Sarojini",
  last: "Naidu",
};

const hasOnlyOne: FirstAndLastNames = {
  first: "Sappho"
};
// 型別 '{ first: string; }' 缺少屬性 'last'，但型別 'FirstAndLastNames' 必須有該屬性。
```

例子中兩者型別之間比對是不一致的。物件型別指定所需屬性的名稱和這些屬性預期的型別。如果物件的屬性不一致，TypeScript 將回報型別錯誤。

以下 TimeRange 型別，要求 start 成員為 Date 型別。而 hasStartString 物件導致型別錯誤，因為它的 start 是 string 型別：

```
type TimeRange = {
  start: Date;
};
```

```
const hasStartString: TimeRange = {
  start: "1879-02-13",
  // 錯誤：型別 'string' 不可指派給型別 'Date'。
};
```

多餘屬性的檢查

如果使用物件型別宣告變數，並且其初始值的欄位多於其型別描述的欄位，TypeScript 將回報型別錯誤。因此，將變數宣告為物件型別是一種型別檢查，用來確保僅具有該型別預期欄位的方法。

如下，在 poetMatch 變數與 Poet 別名的物件型別中，描述的欄位完全相同，而 extraProperty 由於具有額外屬性而導致型別錯誤：

```
type Poet = {
    born: number;
    name: string;
}

// 正確：在 Poet 中所有欄位皆符合預期
const poetMatch: Poet = {
  born: 1928,
  name: "Maya Angelou"
};

const extraProperty: Poet = {
    activity: "walking",
    born: 1935,
    name: "Mary Oliver",
};
// 錯誤：型別 '{ activity: string; born: number; name: string; }' 不可指派給型別 'Poet'。
// 物件常數只可指定已知的屬性，且型別 'Poet' 中沒有 'activity'。
```

請注意，多餘的屬性檢查，只會觸發在宣告建立物件型別的位置文字上。直接提供現有的物件，會繞過多餘的屬性檢查。

這個 extraPropertyButOk 變數不會觸發前面範例的 Poet 型別的型別錯誤，因為它的初始值恰好在結構比對 Poet 的位置上：

```
const existingObject = {
    activity: "walking",
    born: 1935,
    name: "Mary Oliver",
};

const extraPropertyButOk: Poet = existingObject; // 正確
```

多餘屬性檢查，將在任何位置建立新物件時觸發，在該位置期望與物件型別一致——正如我們將在後面章節中所看到的那樣，包括陣列成員、類別欄位和函數參數。禁止多餘的屬性是 TypeScript 幫助確保我們的程式碼乾淨，並符合期望的另一種方式。在其物件型別中宣告的多餘屬性，通常是錯誤型別的屬性名稱或未使用的程式碼。

巢狀物件型別

由於 JavaScript 物件可以巢狀宣告為其他物件的成員，TypeScript 的物件型別也必須能夠在型別系統中表示其型別。這裡所提出的語法與之前相同，使用 { ... } 加入物件型別，而不是原始名稱。

Poem 型別被宣告為一個物件，其 author 屬性為 firstName: string 和 lastName: string。可以將 poemMatch 變數指派給 Poem，因為符合那個結構，而 poemMismatch，因為其的 author 屬性不包含 name 而非 firstName 和 lastName：

```
type Poem = {
    author: {
        firstName: string;
        lastName: string;
    };
    name: string;
};

// 正確
const poemMatch: Poem = {
    author: {
        firstName: "Sylvia",
        lastName: "Plath",
    },
    name: "Lady Lazarus",
};

const poemMismatch: Poem = {
    author: {
        name: "Sylvia Plath",
    },
```

```
    // 錯誤：型別 '{ name: string; }'
    // 不可指派給型別 '{ firstName: string; lastName: string; }'。
    //   物件常數只可指定已知的屬性，
    //   且型別 '{ firstName: string; lastName: string; }' 中沒有 'name'。
    name: "Tulips",
};
```

撰寫型別 Poem 的另一種方法是將 author 屬性的形態，提取到它自己的物件型別別名 Author 中。將巢狀型別提取到自己的型別別名之中，也有助於 TypeScript 提供更多型別錯誤訊息的資訊。在這種情況下，可以說「Author」取代了「{ firstName: string; lastName: string; }」：

```
type Author = {
    firstName: string;
    lastName: string;
};

type Poem = {
    author: Author;
    name: string;
};

const poemMismatch: Poem = {
    author: {
        name: "Sylvia Plath",
    },
    // 錯誤：型別 '{ name: string; }' 不可指派給型別 'Author'。
    //     物件常數只可指定已知的屬性，且型別 'Author' 中沒有 'name'。
    name: "Tulips",
};
```

 像這樣將巢狀物件型別移動到需要所在的型別名稱中，通常是不錯的主意，這可以提高程式碼和錯誤訊息的可讀性。

我們將在後面的章節中，看到物件型別成員如何成為其他型別，例如陣列和函數。

可選擇的屬性

物件型別屬性在某些物件中不見得都是必需要的。我們可以在 : 之前加入一個 ? 做型別註記，如此表示在型別屬性之中，它是一個可選擇的屬性。

此 Book 型別需要 pages 屬性，而 author 是可選擇的屬性。遵守這樣的物件，屬性 author 的提供可有可無，只要需要帶有 pages：

```
type Book = {
  author?: string;
  pages: number;
};

// 正確
const ok: Book = {
    author: "Rita Dove",
    pages: 80,
};

const missing: Book = {
    author: "Rita Dove",
};
// 錯誤：型別 '{ author: string; }' 缺少屬性 'pages'，但型別 'Book' 必須有該屬性。
```

請記住，可選擇的屬性與有包含 undefined 的聯集中，兩者型別之間所存在差異。用 ? 宣告為可選的屬性，表示允許不存在。而依照屬性的宣告要求 | undefined，屬性本身是必須存在的，也就是數值為 undefined。

以下例子，在宣告變數時可能因為帶有 ? 在其宣告中，而跳過 Writers 型別中的 editor 屬性。而 author 屬性沒有 ?，所以屬性必須存在，即使數值是 undefined：

```
type Writers = {
  author: string | undefined;
  editor?: string;
};

// 正確：author 可以為 undefined
const hasRequired: Writers = {
  author: undefined,
};

const missingRequired: Writers = {};
//    ~~~~~~~~~~~~~~~
// 錯誤：型別 '{}' 缺少屬性 'author'，但型別 'Writers' 必須有該屬性。
```

第 7 章「介面」將大幅度介紹其他型別的屬性，而在第 13 章「配置設定選項」，會圍繞在 TypeScript 可選擇的嚴格設定項目做討論。

物件型別的聯集

在 TypeScript 程式碼中希望能夠合理的描述型別，該型別可以是一個或多個具有些微不同物件型別的屬性。此外，程式碼中可能希望能根據屬性的值，在這些物件型別之間進行輸入窄化。

推斷聯集的物件型別

如果一個變數被賦予可能一個或是多個物件型別之一作為初始值，TypeScript 將推斷它的型別，會是物件型別的聯集。該聯集型別將具有每個可能的物件形態之組成部分。型別上的每種可能屬性都將出現在這些可能的組成之中，儘管它們會帶有？註記為沒有任何初始值的可選型別。

這裡的 poem 數值總是有一個 string 型別的 name 屬性，可能有也可能沒有 pages 和 rhymes 屬性：

```
const poem = Math.random() > 0.5
  ? { name: "The Double Image", pages: 7 }
  : { name: "Her Kind", rhymes: true };
// 型別：
// {
//   name: string;
//   pages: number;
//   rhymes?: undefined;
// }
// |
// {
//   name: string;
//   pages?: undefined;
//   rhymes: boolean;
// }

poem.name; // string
poem.pages; // number | undefined
poem.rhymes; // boolean | undefined
```

明確的聯集物件型別

另一種方式，可以透過明確表示我們自己所使用的物件型別聯集，來描述的物件型別。然而這樣做需要撰寫更多程式碼，但其優勢在於可以更好地控制物件型別。最值得注意的是，如果一個值的型別是物件型別的聯集，在型別系統中，將只允許存取存在這些聯集型別上的屬性。

上一個例子中，poem 變數被明確型別轉化為聯集型別，該型別始終具有 pages 及 rhymes 屬性。因為它始終存在，我們可以存取 name，但 pages 和 rhymes 不保證存在：

```
type PoemWithPages = {
    name: string;
    pages: number;
};

type PoemWithRhymes = {
    name: string;
    rhymes: boolean;
};

type Poem = PoemWithPages | PoemWithRhymes;

const poem: Poem = Math.random() > 0.5
  ? { name: "The Double Image", pages: 7 }
  : { name: "Her Kind", rhymes: true };

poem.name; // 正確

poem.pages;
//    ~~~~~
// 型別 'Poem' 沒有屬性 'pages'。
//    型別 'PoemWithRhymes' 沒有屬性 'pages'。

poem.rhymes;
//    ~~~~~~
// 型別 'Poem' 沒有屬性 'rhymes'。
//    型別 'PoemWithPages' 沒有屬性 'rhymes'。
```

對可能不存在的物件成員加上約束限制的存取，對於程式碼安全來說是一件好事。如果一個值可能是多種型別之一，則不保證這些型別都存在物件的屬性上。

就像文字字面和原始型別的聯集，必須進行型別窄化才得以存取，並非所有型別在組成上都存在一樣的屬性，因此我們需要窄化這些物件型別聯集。

窄化物件型別

如果型別檢查數值，發現只有在聯集型別包含某個屬性時，才能執行某個區域程式碼，它會將數值的型別窄化到只包含該屬性的組成。換句話說，如果在程式碼中檢查物件的形態，TypeScript 的型別窄化將適用於物件。

繼續明確型別 poem 的範例，當 TypeScript 的型別防護檢查 poem 中的「pages」是否存在，藉以明確表示它是 PoemWithPages。如果 poem 不是 PoemWithPages，那一定就是 PoemWithRhymes：

```
if ("pages" in poem) {
    poem.pages; // 正確：poem 被窄化成為 PoemWithPages
} else {
    poem.rhymes; // 正確：poem 被窄化成為 PoemWithRhymes
}
```

請注意，TypeScript 不會像 if (poem.pages) 這樣真實性的存在檢查。嘗試存取可能不存在的物件屬性，會被認為是型別錯誤，即使其方式看起來像型別防護：

```
if (poem.pages) { /* ... */ }
//       ~~~~~
// 錯誤：型別 'PoemWithPages | PoemWithRhymes' 沒有屬性 'pages'。
//    型別 'PoemWithRhymes' 沒有屬性 'pages'。
```

可辨識的聯集

JavaScript 和 TypeScript 中，聯集型別的另一種常見形式是在物件上，會用一個屬性來指示物件的形態。這種型別形態稱為可辨識的聯集（*discriminant union*），其值表示物件型別的屬性是可被分辨的。能夠提供 TypeScript 作為識別，進行程式碼型別防護的窄化。

例如，這個 Poem 型別描述一個物件，可以是新的 PoemWithPages 或 PoemWithRhymes 型別，並且帶有 type 屬性指示是哪一個型別。如果 poem.type 是「pages」，那麼能夠推斷 poem 的型別必須是 PoemWithPages。如果沒有窄化該型別，則不能保證數值上存在任何屬性：

```
type PoemWithPages = {
    name: string;
    pages: number;
    type: 'pages';
};

type PoemWithRhymes = {
    name: string;
    rhymes: boolean;
    type: 'rhymes';
};

type Poem = PoemWithPages | PoemWithRhymes;
```

```
const poem: Poem = Math.random() > 0.5
  ? { name: "The Double Image", pages: 7, type: "pages" }
  : { name: "Her Kind", rhymes: true, type: "rhymes" };

if (poem.type === "pages") {
    console.log(`It's got pages: ${poem.pages}`); // 正確
} else {
    console.log(`It rhymes: ${poem.rhymes}`);
}

poem.type; // 型別 : 'pages' | 'rhymes'

poem.pages;
//   ~~~~~
// 錯誤 : 型別 'Poem' 沒有屬性 'pages'。
//    型別 'PoemWithRhymes' 沒有屬性 'pages'。
```

可辨識的聯集是作者在 TypeScript 中最喜歡的特性，因為它們將常見的 JavaScript 模式與 TypeScript 的型別窄化，優雅且完美結合在一起。第 10 章「泛型」及其相關項目，將會使用更多可辨識的聯集，來進行泛型的資料操作。

交集型別

TypeScript 以 | 表示聯集型別，可以是兩種或多種不同型別之一的數值。就像 JavaScript 的執行時，| 與 & 兩者互為相對應的運算符號；TypeScript 允許同時表示多個型別：&（交集型別）。交集型別通常與物件別名一起使用，藉由多個現有物件型別來建立組合出新的型別。

以下 Artwork 和 Writing 型別用於形成具有 genre、name 和 pages 的屬性，組合出 WrittenArt 型別：

```
type Artwork = {
    genre: string;
    name: string;
};

type Writing = {
    pages: number;
    name: string;
};

type WrittenArt = Artwork & Writing;
// 等同於:
```

```
// {
//   genre: string;
//   name: string;
//   pages: number;
// }
```

交集型別可以與聯集型別一起始用，這有助於在一種型別中描述可辨識的聯集。

例如這個 ShortPoem 型別中，總是有一個 author 屬性，然後接著一個可鑑別型別屬性的聯集：

```
type ShortPoem = { author: string } & (
    | { kigo: string; type: "haiku"; }
    | { meter: number; type: "villanelle"; }
);

// Ok
const morningGlory: ShortPoem = {
    author: "Fukuda Chiyo-ni",
    kigo: "Morning Glory",
    type: "haiku",
};

const oneArt: ShortPoem = {
    author: "Elizabeth Bishop",
    type: "villanelle",
};
// 錯誤：型別 '{ author: string; type: "villanelle"; }' 不可指派給型別 'ShortPoem'。
//   型別 '{ author: string; type: "villanelle"; }'
//   不可指派給型別 '{ author: string; } & { meter: number; type: "villanelle"; }'。
//     型別 '{ author: string; type: "villanelle"; }'
//     缺少屬性 'meter'，但型別 '{ meter: number; type: "villanelle"; }' 必須有該屬性。
```

交集型別的危險

交集型別是一個有用的概念，但很容易以讓自己或 TypeScript 編譯器混淆的方式使用它們。建議在使用時盡量保持程式碼簡單。

更多的指派性錯誤訊息

當我們建立複雜的交集型別（例如由聯集型別組合成的交集型別）時，來自 TypeScript 的指派性錯誤訊息，在解讀上變得更難閱讀。這將是 TypeScript 型別系統（以及一般型別化程式編譯語言）的共同議題：越複雜，就越難理解來自型別檢查的訊息。

在前面 ShortPoem 的程式碼片段，將型別拆分為一系列物件型別，讓 TypeScript 列印出這些名稱會更具可讀性：

```
type ShortPoemBase = { author: string };
type Haiku = ShortPoemBase & { kigo: string; type: "haiku" };
type Villanelle = ShortPoemBase & { meter: number; type: "villanelle" };
type ShortPoem = Haiku | Villanelle;

const oneArt: ShortPoem = {
    author: "Elizabeth Bishop",
    type: "villanelle",
};
// 錯誤：型別 '{ author: string; type: "villanelle"; }' 不可指派給型別 'ShortPoem'。
//    型別 '{ author: string; type: "villanelle"; }' 不可指派給型別 'Villanelle'。
//      型別 '{ author: string; type: "villanelle"; }' 缺少屬性 'meter'，
//      但型別 '{ meter: number; type: "villanelle"; }' 必須有該屬性。
```

never 型別

交集型別也很容易被誤用，並建立出一個不可能的型別。原始資料型別不能作為交集型別組成的一部分，因為一個值不可能同時是多個原始資料型別。嘗試以 & 將兩個原始型別擺在一起，將導致 *never* 型別，由關鍵字 never 表示：

```
type NotPossible = number & string;
// 型別：never
```

這個 never 關鍵字的型別是程式編譯語言所定義的**底限型別**（*bottom type*）或空型別。底限型別是一種不可能的數值，而且無法轉換的型別。沒有型別能代替底限型別，提供任何型別：

```
let notNumber: NotPossible = 0;
//  ~~~~~~~~~
// 錯誤：型別 'number' 不可指派給型別 'never'。

let notString: never = "";
//  ~~~~~~~~~
// 錯誤：型別 'string' 不可指派給型別 'never'。
```

大多數專案很少使用到 never 型別。（如果有的話）偶爾會出現在程式碼中，表示不可能的狀態。但是，大多數時候，濫用交集型別很可能是錯誤的。將在第 15 章「型別操作」中詳細介紹。

總結

在本章中，我們擴大對 TypeScript 型別系統的掌握，使其能夠處理物件：

- TypeScript 如何從物件型別的文字中解釋型別

- 描述物件字面型別，包括巢狀和可選擇屬性

- 使用物件字面型別的聯集宣告、推斷和型別窄化

- 可辨識的聯集和判斷式

- 將物件型別與交集型別組合在一起

 現在已經閱讀完本章內容，至 *https://learningtypescript.com/objects*，練習所學的部分。

律師如何宣告他們的 *TypeScript* 型別？
「我反對！」（*I object!*）

第二部分

功能

第五章

函數

函數參數
一端輸入，另一端輸出
並回傳型別

在第 2 章「型別系統」中，我們瞭解如何使用型別註記來標註變數的值。現在，將看到如何對函數參數和回傳型別做同樣的事情，以及為什麼這麼做很有幫助。

函數參數

以下範例使用 sing 函數，此函數接受 song 參數並顯示它：

```
function sing(song) {
  console.log(`Singing: ${song}!`);
}
```

撰寫 sing 函數的開發人員，打算為 song 參數提供什麼種類的數值型別？

它是一個 string 嗎？還是具有涵蓋 toString() 方法的物件？這段程式碼會有問題嗎？誰知道？！

如果沒有明確宣告型別資訊，可能永遠不會知道——TypeScript 會認為它是 any 型別，這表示參數的型別可以是任何型別。

與變數一樣，TypeScript 允許我們使用型別註記宣告函數參數的型別。現在我們使用：string 告訴 TypeScript 參數 song 是 string 型別：

```
function sing(song: string) {
  console.log(`Singing: ${song}!`);
}
```

感覺好多了：現在我們知道 song 是什麼型別！

請注意，我們無須為函數參數增加正確的型別註記，使得程式碼成為有效的 TypeScript 語法。TypeScript 可能會因型別錯誤而產生許多訊息，但產生的 JavaScript 程式碼仍會執行。先前程式碼片段中，在 song 參數上缺少型別宣告，依然將 TypeScript 轉換為 JavaScript。第 13 章「配置設定選項」，將介紹如何配置 TypeScript 關於 any 型別的調整，就如同 song 一樣。

必要參數

相較於 JavaScript 允許呼叫函數使用任意數量的參數有所不同，TypeScript 會假定函數上宣告的所有參數都是必要的。如果使用錯誤數量的參數呼叫函數，TypeScript 將以型別錯誤的形式提出訊息。因此。如果呼叫函數時使用的參數太少或太多，TypeScript 計算參數的數量就會發揮效用。

這個 singTwo 函數需要兩個參數，因此不允許傳遞一個或三個參數：

```
function singTwo(first: string, second: string) {
  console.log(`${first} / ${second}`);
}

// Logs: "Ball and Chain / undefined"
singTwo("Ball and Chain");
//      ~~~~~~~~~~~~~~~~
// 錯誤：應有 2 個引數，但得到 1 個。

// Logs: "I Will Survive / Higher Love"
singTwo("I Will Survive", "Higher Love"); // 正確

// Logs: "Go Your Own Way / The Chain"
singTwo("Go Your Own Way", "The Chain", "Dreams");
//                                      ~~~~~~~~
// 錯誤：應有 2 個引數，但得到 3 個。
```

透過確保所有預期的參數值都存在於函數之中，強制要求提供函數所需要的參數，有助於強化型別安全。倘若未能確保這些數值的存在，可能會導致程式碼出現意外的行為，例如之前的 singTwo 函數使用到參數 undefined 或被忽略。

參數（*Parameter*）是指函數宣告所期望接收的參數。引數（*Argument*）是指函數呼叫時，提供給參數的數值。在前面的範例中，first 和 second 是參數，而「Dreams」諸如之類的字串是引數。

選項參數

回想一下，在 JavaScript 中，如果未提供函數參數，則函數內部的參數值，預設為 undefined。但有時不需要提供函數參數，並且某些函數所預期的參數用途就是 undefined。我們不希望 TypeScript 因無法為這些選項參數的提供，導致回報參數型別錯誤。因此可在選項參數之前，透過增加 ? 註解，讓 TypeScript 將參數允許為它的型別註記——類似於物件型別中，可選擇的屬性。

此外，不需要為函數呼叫提供選項參數。所以在型別中總是出現 | undefined 增加為聯集型別。

在下面範例的 announceSong 函數中，singer 參數被標記為可選擇的。它的型別是 string | undefined，並且不需要由函數的呼叫者提供。如果提供 singer，那它可能就是 string 或 undefined：

```
function announceSong(song: string, singer?: string) {
  console.log(`Song: ${song}`);

  if (singer) {
    console.log(`Singer: ${singer}`);
  }
}

announceSong("Greensleeves"); // 正確
announceSong("Greensleeves", undefined); // 正確
announceSong("Chandelier", "Sia"); // 正確
```

這些選項參數總是可以隱約視為 undefined。在前面的程式碼中，一開始 singer 的型別為 string | undefined，然後在 if 語句後將其窄化為 string。

選項參數與恰好以聯集型別，包含 | undefined 的不同參數。沒有用 ? 標記為可選擇的，因此也必須提供，即使該數值明確表示 undefined。

若必須以明確方式要求 announceSongBy 函數中，提供 singer 參數。那它可能是一個 string 或 undefined：

```
function announceSongBy(song: string, singer: string | undefined) { /* ... */ }

announceSongBy("Greensleeves");
// 錯誤：應有 2 個引數，但得到 1 個。

announceSongBy("Greensleeves", undefined); // 正確
announceSongBy("Chandelier", "Sia"); // 正確
```

函數的任何選項參數都必須擺在最後一個位置。倘若放置在必要參數之前，選項參數會
觸發 TypeScript 語法錯誤：

```
function announceSinger(singer?: string, song: string) {}
//                                       ~~~~
// 錯誤：必要參數不得接在選擇性參數之後。
```

預設參數

JavaScript 中的選項參數，可以在宣告中使用 = 指派預設值。對於這些選項參數，因為預
設提供一個數值，所以它們的 TypeScript 型別並沒有在函數內部增加隱含的 | undefined
聯集。TypeScript 在呼叫函數上，仍然允許使用 undefined 或遺漏這些參數。

TypeScript 的型別推斷，在函數預設參數值的作用與在初始變數值的作用相似。如果參
數有預設值並且沒有型別註記，TypeScript 將根據該預設值推斷參數的型別。

下面例子在 rateSong 函數中，rating 被推斷為 number；在呼叫函數的程式碼中，它是一
個 number | undefined 可選擇的型別：

```
function rateSong(song: string, rating = 0) {
  console.log(`${song} gets ${rating}/5 stars!`);
}

rateSong("Photograph"); // 正確
rateSong("Set Fire to the Rain", 5); // 正確
rateSong("Set Fire to the Rain", undefined); // 正確

rateSong("At Last!", "100");
//                    ~~~~~
// 錯誤：型別 'string' 的引數不可指派給型別 'number' 的參數。
```

剩餘參數

JavaScript 中的某些函數，可以使用任意數量的參數來呼叫。使用 ... 擴充運算符號，
可以放在函數宣告中的最後一個參數上，用來指示從該參數開始傳遞給函數的任何「剩
餘」部分，都將儲存在單一參數的陣列中。

TypeScript 允許宣告這些剩餘參數的型別，類似於正規參數，需要在結尾處增加 [] 語法，用以表示它是陣列的參數。

這例子中，songs 為函數 singAllTheSongs 剩餘參數，並且是零個或多個 string 型別的參數：

```
function singAllTheSongs(singer: string, ...songs: string[]) {
  for (const song of songs) {
    console.log(`${song}, by ${singer}`);
  }
}

singAllTheSongs("Alicia Keys"); // 正確
singAllTheSongs("Lady Gaga", "Bad Romance", "Just Dance", "Poker Face"); // 正確

singAllTheSongs("Ella Fitzgerald", 2000);
//                                  ~~~~
// 錯誤：型別 'number' 的引數不可指派給型別 'string' 的參數。
```

我們將在第 6 章「陣列」中，介紹如何在 TypeScript 中使用陣列。

回傳型別

TypeScript 具有靈敏的檢測能力：如果解析函數回傳的所有可能數值，它就會知道函數回傳的型別。在此範例中，TypeScript 將 singSongs 解析為回傳一個 number：

```
// 型別：(songs: string[]) => number
function singSongs(songs: string[]) {
  for (const song of songs) {
    console.log(`${song}`);
  }

  return songs.length;
}
```

如果一個函數含有多個具有不同數值的回傳語句，TypeScript 將會推斷回傳型別將是所有可能型別的聯集。

這個 getSongAt 函數，將被推斷為回傳 string | undefined，因為它有兩個可能的回傳值，分別是型別 string 和 undefined：

```
// 型別：(songs: string[], index: number) => string | undefined
function getSongAt(songs: string[], index: number) {
  return index < songs.length
```

```
    ? songs[index]
    : undefined;
}
```

明確的回傳型別

與變數一樣,通常不建議以明確宣告方式,在函數的回傳型別中使用型別註記。但在某些情況下,可能對函數具有特別功用:

- 我們可能希望強制要求,具有許多可能回傳值的函數,始終回傳相同型別的數值。
- 透過遞迴函數的回傳型別,TypeScript 會拒絕嘗試進行解析。
- 可以在非常大型的專案中,加速 TypeScript 型別檢查,亦即具有數百個或更多 TypeScript 檔案的專案。

函數宣告回傳型別註記,放在參數清單的) 之後,並且在 { 之前:

```
function singSongsRecursive(songs: string[], count = 0): number {
  return songs.length ? singSongsRecursive(songs.slice(1), count + 1) : count;
}
```

對於箭頭函數(也稱為 lambdas),它位於 => 之前:

```
const singSongsRecursive = (songs: string[], count = 0): number =>
  songs.length ? singSongsRecursive(songs.slice(1), count + 1) : count;
```

如果函數中 return 語句的數值不能指派給函數的回傳型別,TypeScript 將發出指派錯誤訊息。

在這裡,getSongRecordingDate 函數以明確宣告回傳型別為 Date | undefined,但其回傳語句之中,提供了一個 string 造成錯誤:

```
function getSongRecordingDate(song: string): Date | undefined {
  switch (song) {
    case "Strange Fruit":
      return new Date('April 20, 1939'); // 正確

    case "Greensleeves":
      return "unknown";
      // 錯誤:型別 'string' 不可指派給型別 'Date'。

    default:
      return undefined; // 正確
  }
}
```

函數型別

JavaScript 允許將函數作為數值來傳遞。這意味著當函數作為參數或變數時，我們需要一種方法將宣告型別保存起來。

函數型別語法看起來類似於箭頭函數，但操作的是型別而非主體。

這個 nothingInGivesString 變數的型別，描述一個沒有輸入參數，並且回傳 string 數值的函數：

```
let nothingInGivesString: () => string;
```

而 inputAndOutput 變數的型別，描述一個帶有 string[] 參數、一個可選擇的 count 參數和一個回傳 number 的函數：

```
let inputAndOutput: (songs: string[], count?: number) => number;
```

函數型別經常用於描述回呼（callback）參數；目的作為函數呼叫的參數。

例如以下 runOnSongs 程式片段，將參數 getSongAt 的型別，宣告為接受 index: number 的函數，並回傳一個 string。所傳遞的 getSongAt 函數符合型別，但另一個 logSong 函數發生錯誤，原因在於參數是 string 而不是 number：

```
const songs = ["Juice", "Shake It Off", "What's Up"];

function runOnSongs(getSongAt: (index: number) => string) {
  for (let i = 0; i < songs.length; i += 1) {
    console.log(getSongAt(i));
  }
}

function getSongAt(index: number) {
  return `${songs[index]}`;
}

runOnSongs(getSongAt); // 正確

function logSong(song: string) {
  return `${song}`;
}

runOnSongs(logSong);
//         ~~~~~~~
// 錯誤：型別 '(song: string) => string' 的引數
// 不可指派給型別 '(index: number) => string' 的參數。
```

```
//    參數 'song' 和 'index' 的型別不相容。
//      型別 'number' 不可指派給型別 'string'。
```

runOnSongs(logSong) 是指派發生錯誤的一個訊息範例,其中包括一些詳細的階層資訊。
當回傳兩種函數型別不能相互指派的錯誤時,TypeScript 通常會回報三個階層的詳細資訊:

1. 第一個縮排階層,列印出兩種函數型別。

2. 下一個縮排階層,指定不相符的部分。

3. 最後一個縮排階層,也是不相符的部分,詳細說明指派錯誤。

在前面的程式碼片段中,這些階層是:

1. 提 供 logSongs: (song: string) => string 的 型 別 是 指 派 給 getSongAt: (index:
   number) => string 作為接收者

2. logSong 的 song 參數,被指派給 getSongAt 的 index 參數

3. song 的 string 型別不能指派給 index 的 string 型別

 TypeScript 的多行錯誤訊息一開始看起來令人畏懼。但逐行閱讀並理解每
個部分所傳達的內容,對於瞭解錯誤會有很大的幫助。

函數型別使用小括號

函數型別可以放置在任何另一個使用型別的地方。這也包括聯集型別。

在聯集型別中,小括號可用於標示哪一部分或周圍,是函數回傳的聯集型別:

```
// 一個回傳型別為 string | undefined 聯集的函數
let returnsStringOrUndefined: () => string | undefined;

// 可能為 undefined,或回傳型別為 string 的函數
let maybeReturnsString: (() => string) | undefined;
```

後面的章節將介紹更多型別語法,展示在某些地方的函數型別必須用小括號圍起來。

參數型別推斷

如果必須為我們替每個函數宣告的參數撰寫型別,包括行內函數用作的參數,那將會很麻煩。幸運的是 TypeScript 可以推斷,函數中的參數型別,以及提供給相關位置的宣告型別。

這裡 singer 變數是一個已知接受 string 參數型別函數,因此之後在函數中的指派給 singer 的 song 參數也會是一個已知 string:

```
let singer: (song: string) => string;

singer = function (song) {
  // song 型別為 : string
  return `Singing: ${song.toUpperCase()}!`; // 正確
};
```

作為具有函數型別的參數傳遞出去後,在操作參數的函數中,也將推斷出它們的參數型別。

例如這裡的 song 和 index 參數,分別被 TypeScript 推斷為 string 和 number:

```
const songs = ["Call Me", "Jolene", "The Chain"];

// song: string
// index: number
songs.forEach((song, index) => {
  console.log(`${song} is at index ${index}`);
});
```

函數型別別名

還記得第 3 章「聯集與字面」中的型別別名嗎?它們也可以用於函數型別。

例子中這個 StringToNumber 型別給一個函數其他名稱,這個函數接受一個 string,並回傳一個 number,這表示可以用於描述之後變數的型別:

```
type StringToNumber = (input: string) => number;

let stringToNumber: StringToNumber;

stringToNumber = (input) => input.length; // 正確

stringToNumber = (input) => input.toUpperCase();
//                                 ~~~~~~~~~~~~~~~~~~
// 錯誤 : 型別 'string' 不可指派給型別 'number'。
```

相同的，函數的參數本身，可以使用參考函數型別的別名，來作為輸入。

這裡的 usesNumberToString 函數有一個參數，本身就是 NumberToString 函數型別別名：

```
type NumberToString = (input: number) => string;

function usesNumberToString(numberToString: NumberToString) {
  console.log(`The string is: ${numberToString(1234)}`);
}

usesNumberToString((input) => `${input}! Hooray!`); // 正確

usesNumberToString((input) => input * 2);
//                             ~~~~~~~~~
// 錯誤：型別 'number' 不可指派給型別 'string'。
```

型別別名對於函數型別相當有用。它們可以無須重複寫出參數及回傳型別，大量節省程式碼橫向的空間。

更多回傳型別

現在，讓再看看另外兩種回傳型別：void 和 never。

回傳 void 型別

有些函數並不帶有任何回傳值。它們一種是沒有 return 語句，另一種是 return 語句上沒有回傳的數值。TypeScript 允許使用 void 關鍵字，對於函數來參考這種不回傳任何內容的回傳型別。

回傳型別為 void 的函數可能不會回傳值。因此 logSong 函數宣告為回傳 void，因此不允許回傳值：

```
function logSong(song: string | undefined): void {
  if (!song) {
    return; // 正確
  }

  console.log(`${song}`);

  return true;
  // 錯誤：型別 'boolean' 不可指派給型別 'void'。
}
```

void 可用在函數型別宣告中的回傳型別。在函數型別宣告中使用時，void 表示函數的任何回傳值都將被忽略。

例如範例中 songLogger 變數代表一個函數，它接收一首 song: string 並且不回傳值：

```
let songLogger: (song: string) => void;

songLogger = (song) => {
  console.log(`${songs}`);
};

songLogger("Heart of Glass"); // 正確
```

請注意，儘管 JavaScript 函數在沒有實際數值回傳的情況下，預設是回傳 undefined，但 void 與 undefined 是不一樣。void 表示函數的回傳型別將被忽略，而 undefined 是回傳的字面數值。嘗試將型別為 void 的值指派給型別包含 undefined 的值，會造成型別錯誤：

```
function returnsVoid() {
  return;
}

let lazyValue: string | undefined;

lazyValue = returnsVoid();
// 錯誤：型別 'void' 不可指派給型別 'string | undefined'。
```

在任何的位置上，undefined 與 void 回傳之間的區別，一個是對於從函數的傳遞忽略其回傳值，另一個則是回傳的數值型別為 void。

例如，陣列的內建 forEach 方法接受一個回傳 void 的回呼函數。提供給 forEach 的函數，可以回傳想要的任何數值。以下範例中，在 saveRecords 函數的 records.push(record) 回傳一個 number（來自陣列的 .push() 的回傳值），並且繼續作為傳遞給 newRecords.forEach 箭頭函數的回傳值：

```
const records: string[] = [];

function saveRecords(newRecords: string[]) {
  newRecords.forEach(record => records.push(record));
}

saveRecords(['21', 'Come On Over', 'The Bodyguard'])
```

注意，void 型別不是 JavaScript。它是一個 TypeScript 關鍵字，用於宣告函數的回傳型別。請記住，這不是表示函數本身可以回傳的數值，而是回傳值並不打算使用。

回傳 never 型別

有些函數不僅不回傳值，甚至根本不打算回傳。永遠不回傳的函數，是那些總是拋出錯誤或執行無限循環的函數（希望是故意的！）。

如果函數有意永遠不回傳數值，那麼請明確加入： never 型別註記，表示呼叫該函數後的任何程式碼都不會執行。

這個 fail 函數將 param 參數窄化為 string 型別，並且會拋出一個錯誤，所以可以幫助 TypeScript 分析控制流程：

```
function fail(message: string): never {
    throw new Error(`Invariant failure: ${message}.`);
}

function workWithUnsafeParam(param: unknown) {
    if (typeof param !== "string") {
        fail(`param should be a string, not ${typeof param}`);
    }

    // 這裡 param 已知是 string 型別
    param.toUpperCase(); // 正確
}
```

never 不等於 void。void 用於不回傳任何內容的函數。never 用於表示永遠不會回傳的函數。

函數重載

某些 JavaScript 函數可以使用完全不同的參數集合來呼叫，這些參數集合會以可選擇的參數或剩餘參數來表示。這些函數在 TypeScript 語法，可稱為**重載特徵 / 重載簽章**（*overload signatures*）來描述：在一個最終實做特徵（*implementation signature*）的函數本體之前，先宣告多個不同版本的函數名稱、參數和回傳型別。

TypeScript 會檢視函數的重載特徵，確保是否在呼叫重載函數時，產生可能的語法錯誤。實做特徵只有在函數的內部邏輯中使用。

在以下的例子中，createDate 函數可以使用一個 timestamp 參數或帶有三個參數（month、day、year）的方式呼叫。在使用這些數量的參數進行任何一個呼叫時，倘若使用兩個參數呼叫會導致型別錯誤，因為沒有允許兩個參數的重載特徵。例子中，前兩行是重載特徵，第三行是實做特徵：

```
function createDate(timestamp: number): Date;
function createDate(month: number, day: number, year: number): Date;
function createDate(monthOrTimestamp: number, day?: number, year?: number) {
  return day === undefined || year === undefined
    ? new Date(monthOrTimestamp)
    : new Date(year, monthOrTimestamp, day);
}

createDate(554356800); // 正確
createDate(7, 27, 1987); // 正確

createDate(4, 1);
// 錯誤：沒有任何重載預期 2 個引數，但有重載預期 1 或 3 個引數。
```

與其他型別系統語法一樣，重載特徵在 TypeScript 編譯輸出 JavaScript 時會被刪除。

前面的程式碼片段，其函數將大致編譯為 JavaScript，如下：

```
function createDate(monthOrTimestamp, day, year) {
  return day === undefined || year === undefined
    ? new Date(monthOrTimestamp)
    : new Date(year, monthOrTimestamp, day);
}
```

函數重載通常用作複雜，用來表示難以敘述的函數型別之最後手段。一般而言，最好還是保持函數的簡單，並且盡可能避免使用函數重載。

呼叫特徵的相容性

在重載函數實做時，其中所使用的參數型別和回傳型別，來完成函數的實做特徵。因此，函數重載特徵中，回傳型別和每個參數，必須可指派給其相同索引位置之處的參數。換句話說，實做特徵必須與所有重載特徵相容。

例子中 format 函數的實做特徵是，將第一個參數宣告為 string。雖然前兩個重載特徵也相容為 string 型別，但與第三個重載特徵的 () => string 型別不相容：

```
function format(data: string): string; // 正確
function format(data: string, needle: string, haystack: string): string; // 正確

function format(getData: () => string): string;
//        ~~~~~~
// 此重載特徵與其實作特徵不相容。

function format(data: string, needle?: string, haystack?: string) {
  return needle && haystack ? data.replace(needle, haystack) : data;
}
```

總結

在本章中，我們瞭如何在 TypeScript 中，推斷及明確宣告函數的參數與回傳型別：

- 使用型別註記來宣告函數參數型別

- 宣告選項參數、預設值與剩餘參數，用以修改型別系統行為

- 使用型別註記來宣告函數回傳型別

- 使用 void 型別，描述不用回傳數值的函數

- 使用 never 型別，描述根本不回傳的函數

- 使用函數重載，來描述不同函數的呼叫特徵

 現在我們已經閱讀完本章，在 *https://learningtypescript.com/functions* 上，
練習所學到的內容。

什麼讓 *TypeScript* 專案變得更好？
完善的函數功能（運作良好）。

第六章

陣列

陣列和元組
一個靈活另一個固定
做出你個人的選擇

JavaScript 陣列非常靈活，可以在其中保存任何混合的數值：

```
const elements = [true, null, undefined, 42];

elements.push("even", ["more"]);
// elements 變數中的數值：[true, null, undefined, 42, "even", ["more"]]
```

在大多數情況下，單一的 JavaScript 陣列，僅用於保存一種特定型別的數值。增加不同型別的數值可能會在閱讀上感到困惑，或者更糟，甚至可能會導致程式出現錯誤的結果。

TypeScript 遵守每個陣列保持單一資料型別，最佳作法是記住陣列中最初的資料型別，並且只允許陣列對此種數據資料進行操作。

接下來例子中，TypeScript 知道 warriors 陣列最初包含 string 型別的數值，因此允許加入更多 string 型別的資料，但卻不允許增加任何其他型別的資料：

```
const warriors = ["Artemisia", "Boudica"];

// 正確："Zenobia" 為 string
warriors.push("Zenobia");

warriors.push(true);
//            ~~~~
// 型別 'boolean' 的引數不可指派給型別 'string' 的參數。
```

我們可以認為 TypeScript 從陣列的初始成員，推斷陣列型別的過程，類似於如何從初始值分析變數型別。TypeScript 通常會嘗試從數值的指派方式，來預測程式碼的預期型別，陣列也不例外。

陣列型別

與其他變數宣告一樣，用來儲存陣列的變數，是不需具有初始值。變數可以從 undefined 開始，並且稍後接收陣列數值。

TypeScript 希望透過為變數提供的型別註記，來記憶陣列中的數值型別。陣列的型別註記，需要元素的型別，並且之後緊接著 []：

```
let arrayOfNumbers: number[];

arrayOfNumbers = [4, 8, 15, 16, 23, 42];
```

> 陣列型別也可以使用類似 Array<number> 的語法撰寫，稱為泛型類別（class generics）。大多數開發人員喜歡更簡單的 number[] 作表示。類別將在第 8 章中介紹，泛型在第 9 章「型別修飾符號」中介紹。

陣列與函數型別

陣列型別是容器語法的一個範例，其中函數型別可能需使用中括號，來區分函數型別中的內容。中括號可區分用來表示函數回傳的部分或整個陣列的型別。

這裡的 createStrings 型別是函數型別，與 stringCreators 的陣列型別是不一樣的：

```
// 回傳一個字串陣列型別的函數
let createStrings: () => string[];

// 回傳一個陣列型別的函數，每個陣列中是一個回傳字串的函數
let stringCreators: (() => string)[];
```

聯集的陣列型別

可以使用聯集型別來表示，陣列中每個元素都是可選擇的多種型別之一。

當使用帶有聯集的陣列型別時，仍需要使用中括號來註記陣列的內容部分與聯集型別。陣列聯集型別要使用中括號，以下兩種描述的型別有所不同：

```
// 型別是 number 或 string 的陣列
let stringOrArrayOfNumbers: string | number[];

// 型別是一個元素陣列，每個元素是 number 或是 string
let arrayOfStringOrNumbers: (string | number)[];
```

TypeScript 從陣列的宣告中得知，如果包含多個型別的元素，會是一個聯集型別的陣列。換句話說，陣列元素的型別是所有可能型別的聯集。

例如 namesMaybe 是 (string | undefined)[]，因為數值既是 string 也可能是 undefined：

```
// 型別為 (string | undefined)[]
const namesMaybe = [
  "Aqualtune",
  "Blenda",
  undefined,
];
```

演變成 any 的陣列

如果沒有在最初空陣列上，為變數設定所包含的型別註記，TypeScript 會將陣列視為演變的 any[]，這代表著可以接收任何內容。與演變的 any 變數一樣，我們並不喜歡 any[] 陣列。這會允許增加不確定的數值，進而部分否定了 TypeScript 型別檢查的優點。

這個值陣列一開始包含 any 元素，演變為包含 string 元素，然後再次演變為包含 number | string 元素：

```
// 型別：any[]
let values = [];

// 型別：string[]
values.push('');

// 型別：(number | string)[]
values[0] = 0;
```

與變數一樣，放任陣列演變為 any 型別 —— 並且通常使用 any 型別 —— 部分違背了 TypeScript 型別檢查的目的。讓 TypeScript 知道數值應該是什麼型別，才能發揮最好的效果。

多維陣列

二維陣列或陣列的陣列，將有兩個 [] 符號：

```
let arrayOfArraysOfNumbers: number[][];

arrayOfArraysOfNumbers = [
  [1, 2, 3],
  [2, 4, 6],
  [3, 6, 9],
];
```

一個三維度陣列，將具有三個 []。同理，四維度有四個、五維度有五個。

我們可以猜到六維陣列及之後的情況。這些多維陣列不會讓陣列型別形成帶入任何新的變化。試想一個原始型別的二維陣列，在原始型別之後除了要加上 []，在尾端還要再多一個 []。

這個 arrayOfArraysOfNumbers 陣列的型別是 number[][]，也可以用 (number[])[] 表示：

```
// 型別：number[][]
let arrayOfArraysOfNumbers: (number[])[];
```

陣列成員

TypeScript 依照索引值的傳統存取方式，檢索陣列成員並回傳該陣列型別的元素。以下 defenders 陣列的型別是 string[]，所以 defender 是一個 string：

```
const defenders = ["Clarenza", "Dina"];

// 型別：string
const defender = defenders[0];
```

聯集型別陣列的成員，本身就是相同的型別。

例子中 soldierOrDates 的型別為 (string | Date)[]，因此 solderOrDate 變數的型別為 string | Date：

```
const soldiersOrDates = ["Deborah Sampson", new Date(1782, 6, 3)];

// 型別：Date | string
const soldierOrDate = soldiersOrDates[0];
```

警告：不健全的成員

在技術上而言，TypeScript 型別系統是**不健全的**：雖然可以得到大部分正確的型別，但有時對數值型別的分析可能是不正確的。尤其是陣列型別，在系統中是不健全的根源。預設情況下，TypeScript 假定所有陣列成員的存取，都回傳該陣列的成員，即使在 JavaScript 中，存取索引大於陣列長度的元素也會得到 undefined 的結果。

此程式碼對預設的 TypeScript 編譯器設定不會產生任何錯誤：

```
function withElements(elements: string[]) {
  console.log(elements[9001].length); // 沒有型別錯誤
}

withElements(["It's", "over"]);
```

當我們解讀程式碼時，可以推估會在執行時當機，並顯示「Cannot read property 'length' of undefined」（無法讀取未定義的長度屬性），但 TypeScript 故意不確認成員是否存在檢索到的陣列之中。將程式碼片段中的 elements[9001] 視為 string 型別，而不是 undefined。

 TypeScript 確實有一個 --noUncheckedIndexedAccess 功能選項，使陣列搜尋更受到約束，並且確認型別安全，但它非常嚴格，大多數專案並不使用它。在這本書中並沒有介紹。第 12 章「使用 IDE 功能」會延續並深入解釋所有 TypeScript 配置選項。

展開和剩餘

還記得第 5 章「函數」中，用來表示剩餘參數的 ... 運算符號嗎？展開參數和陣列展開，兩者都具有 ... 運算符號，是在 JavaScript 中與陣列交互作用的關鍵方法。接下來說明 TypeScript 如何分析它們。

展開

陣列可以使用 ... 展開運算符號。TypeScript 分析陣列結果，將可以包含來自任何陣列輸入的數值。

如果輸入的陣列是同一種型別，則輸出陣列將是同一型別。如果將兩種不同型別的陣列展開，再一起建立一個新陣列，則新陣列將被解釋為兩種原始型別之一的聯集型別陣列。

在這裡，已知聯集陣列包含 string 型別和 number 型別的數值，因此推斷其型別為 (string | number)[]：

```
// 型別：string[]
const soldiers = ["Harriet Tubman", "Joan of Arc", "Khutulun"];

// 型別：number[]

// 型別：(string | number)[]
const conjoined = [...soldiers, ...soldierAges];
```

展開剩餘參數

針對 JavaScript... 的操作，TypeScript 也將會對陣列剩餘參數展開，進行辨識、執行型別檢查。作用於剩餘的參數，其陣列必須與剩餘參數具有相同的陣列型別。

下面的 logWarriors 函數，...names 參數只接受 string 數值。展開 string[] 型別的陣列是允許的，但使用 number[] 是不允許的：

```
function logWarriors(greeting: string, ...names: string[]) {
  for (const name of names) {
    console.log(`${greeting}, ${name}!`);
  }
}

const warriors = ["Cathay Williams", "Lozen", "Nzinga"];

logWarriors("Hello", ...warriors);

const birthYears = [1844, 1840, 1583];

logWarriors("Born in", ...birthYears);
//                      ~~~~~~~~~~~~~
// 錯誤：型別 'number' 的引數不可指派給型別 'string' 的參數。
```

元組

儘管理論上 JavaScript 陣列可以是任意大小，但有時使用固定大小的陣列，又稱為*元組*（*tuple*），是有其效用的。元組陣列在每個索引位置處都有一個特定的已知型別，它可能比陣列所有可能成員的聯集型別更加具體化。宣告元組型別的語法，看起來像一個陣列字面值，但使用型別代替了元素值。

在這裡，陣列 yearAndWarrior 被宣告為一個元組型別，其中一個 number 在索引 0 的位置，一個 string 在索引 1 的位置上：

```
let yearAndWarrior: [number, string];

yearAndWarrior = [530, "Tomyris"]; // 正確

yearAndWarrior = [false, "Tomyris"];
//                ~~~~~
// 錯誤：型別 'boolean' 不可指派給型別 'number'。

yearAndWarrior = [530];
// 錯誤：型別 '[number]' 不可指派給型別 '[number, string]'。
//     來源有 1 個元素，但目標需要 2 個。
```

元組通常與 JavaScript 中陣列的解構一起使用，才能夠一次指派多個值，例如基於單一條件將兩個變數設定為初始值。

例如，TypeScript 在這裡分析出 year 總是一個 number，而 warriors 總是一個 string：

```
// year 型別：number
// warrior 型別：string
let [year, warrior] = Math.random() > 0.5
  ? [340, "Archidamia"]
  : [1828, "Rani of Jhansi"];
```

元組的指派性

元組型別被 TypeScript 視為比可變長度陣列，更為具體化的型別。這表示可變長度陣列型別，不能指派給元組型別。

在這裡，雖然我們可能會看到 pairLoose 內部有 [boolean, number]，但 TypeScript 推斷卻是更一般的 (boolean | number)[] 型別：

```
// 型別：(boolean | number)[]
const pairLoose = [false, 123];

const pairTupleLoose: [boolean, number] = pairLoose;
//    ~~~~~~~~~~~~~~
// 錯誤：型別 '(number | boolean)[]' 不可指派給型別 '[boolean, number]'。
//     目標需要 2 個元素，但來源的元素可能較少。
```

如果 pairLoose 本身被宣告為 [boolean, number]，則允許將其值指派給 pairTuple。

不同長度的元組，是不能相互指派，因為 TypeScript 知道包含元組型別中有多少成員。

在這裡 tupleTwoExtra 必須正好有兩個成員，所以雖然 tupleThree 以正確的成員作開頭，但第三個成員卻指派給 tupleTwoExtra 而被禁止：

```
const tupleThree: [boolean, number, string] = [false, 1583, "Nzinga"];

const tupleTwoExact: [boolean, number] = [tupleThree[0], tupleThree[1]];

const tupleTwoExtra: [boolean, number] = tupleThree;
//      ~~~~~~~~~~~~~
// 錯誤：型別 '[boolean, number, string]' 不可指派給型別 '[boolean, number]'。
//      來源具有 3 個元素，但目標只允許 2 個。
```

元組作為剩餘參數

因為元組具有長度資訊與元素型別，被視為更豐富且具體化型別資訊的陣列，所以對於要傳遞給函數的儲存參數特別有用。TypeScript 能夠為傳遞的元組 ... 之剩餘參數，藉以提供準確的型別檢查。

這裡 logPair 函數的參數型別是 string 和 number。嘗試傳入 (string | number)[] 型別的值作為參數是不安全的，因為內容可能不一致：它們可能都是相同的型別，或者其中一種型別在順序上的錯誤。但是，如果 TypeScript 知道該數值是一個 [string, number] 元組，就能夠分析比對這些數值：

```
function logPair(name: string, value: number) {
  console.log(`${name} has ${value}`);
}

const pairArray = ["Amage", 1];

logPair(...pairArray);
// 錯誤：擴展引數必須具有元組型別或傳遞給剩餘參數。

const pairTupleIncorrect: [number, string] = [1, "Amage"];

logPair(...pairTupleIncorrect);
// 錯誤：型別 'number' 的引數不可指派給型別 'string' 的參數。

const pairTupleCorrect: [string, number] = ["Amage", 1];

logPair(...pairTupleCorrect); // 正確
```

如果想使用我們的剩餘參數元組，可以將它們與陣列混合，形成儲存多個函數呼叫的參數清單。在這裡的例子中，trios 是一個元組陣列，其中每個元組還有一個用於第二個成員的元組。trios.forEach(trio => logTrio(...trio)) 被認為是安全的，因為每個 ...trio 恰好符合 logTrio 的參數型別。然而 trios.forEach(logTrio) 是不可被指派的數值，因為試圖將整個 [string, [number, boolean]] 作為參數，傳遞至第一個 string 型別：

```
function logTrio(name: string, value: [number, boolean]) {
  console.log(`${name} has ${value[0]} (${value[1]}`);
}

const trios: [string, [number, boolean]][] = [
  ["Amanitore", [1, true]],
  ["Æthelflæd", [2, false]],
  ["Ann E. Dunwoody", [3, false]]
];

trios.forEach(trio => logTrio(...trio)); // Ok

trios.forEach(logTrio);
//            ~~~~~~~
// 錯誤：型別 '(name: string, value: [number, boolean]) => void' 的引數
// 不可指派給型別 '(value: [string, [number, boolean]], index: number,
// array: [string, [number, boolean]][]) => void' 的參數。
//     參數 'name' 和 'value' 的型別不相容。
//       型別 '[string, [number, boolean]]' 不可指派給型別 'string'。
```

元組推導

TypeScript 通常將建立的陣列，視為可變長度陣列，而不是元組。如果解析到一個陣列，被使用作為變數的初始值或函數的回傳值，那麼將會假定成一個大小靈活的陣列，而非一個固定大小的元組。

以下 firstCharAndSize 函數被推斷為回傳 (string | number)[]，而不是 [string, number]，因為這是推斷的型別結果，其回傳值為陣列：

```
// 回傳型別：(string | number)[]
function firstCharAndSize(input: string) {
  return [input[0], input.length];
}

// firstChar 型別：string | number
// size 型別：string | number
const [firstChar, size] = firstCharAndSize("Gudit");
```

TypeScript 中有兩種常見的方式，用來指定一個數值應該是一個更具體的元組型別，而非一個通用的陣列型別，也就是接下來要介紹的：明確的元組型別、const 斷言。

明確的元組型別

元組型別可以用在型別註記中，例如函數的回傳型別註記。如果函數被宣告為回傳元組型別，並且回傳陣列字面形式，則該陣列將被推斷為元組，而非一般不定長度的陣列。

這個 firstCharAndSizeExplicit 函數版本，明確宣告回傳一個 string 和 number 的元組：

```
// 回傳型別：[string, number]
function firstCharAndSizeExplicit(input: string): [string, number] {
  return [input[0], input.length];
}

// firstChar 型別：string
// size 型別：number
const [firstChar, size] = firstCharAndSizeExplicit("Cathay Williams");
```

常數斷言元組

在明確型別中，註記輸入的元組型別可能會很痛苦，因為任何型別都需逐一註記。這是額外的語法，提供我們在程式碼修改時撰寫與更新。

TypeScript 提供一個 as const 運算符號作為替代方案，稱為 *常數斷言/const 斷言（const assertion）*，它可以放在數值之後。const 斷言，告訴 TypeScript 在推斷其型別時，可能使用字面或唯讀的形式分析數值。如果將運算符號放在一個陣列之後，則表示該陣列應被視為一個元組：

```
// 型別：(string | number)[]
const unionArray = [1157, "Tomoe"];

// 型別：readonly [1157, "Tomoe"]
const readonlyTuple = [1157, "Tomoe"] as const;
```

請注意 as const 斷言，不僅僅將大小靈活的陣列切換到固定大小的元組：它們還向 TypeScript 表明該元組是唯讀的，不能期望在其他地方做數值的修改。

在此範例中，pairMutable 允許修改，因為具有傳統的明確的元組型別。但是 as const 使數值不能指派給可變 pairAlsoMutable，並且不允許修改常數 pairConst 的成員：

```
const pairMutable: [number, string] = [1157, "Tomoe"];
pairMutable[0] = 1247; // 正確

const pairAlsoMutable: [number, string] = [1157, "Tomoe"] as const;
//    ~~~~~~~~~~~~~~~
// 錯誤：型別 'readonly [1157, "Tomoe"]' 為 'readonly'，
// 因此無法指派給可變動的型別 '[number, string]'。

const pairConst = [1157, "Tomoe"] as const;
pairConst[0] = 1247;
//    ~
// 錯誤：因為 '0' 為唯讀屬性，所以無法指派至 '0'。
```

在練習中，函數回傳使用唯讀元組。無論如何，函數回傳的元組數值，通常會立即解構，因此唯讀元組不會妨礙函數的使用。

這個 firstCharAndSizeAsConst 回傳一個唯讀的 [string, number]，但外部使用的程式碼只關心此回傳元組中被檢索的數值：

```
// 回傳型別：readonly [string, number]
function firstCharAndSizeAsConst(input: string) {
  return [input[0], input.length] as const;
}

// firstChar 型別：string
// size 型別：number
const [firstChar, size] = firstCharAndSizeAsConst("Ching Shih");
```

 唯讀物件和 as const 斷言，在第 9 章「型別修飾符號」中有更深入的介紹。

總結

在本章中，我們介紹宣告陣列和檢索其中的成員：

- 用 [] 宣告陣列型別
- 使用中括號宣告函數陣列或聯集型別
- TypeScript 如何將陣列元素解析出陣列的型別
- 使用符號 ... 的展開和剩餘參數的表示

- 宣告元組型別，用來表示固定大小的陣列

- 使用型別註記或作為 const 斷言來建立元組

 現在我們已經閱讀完本章，在 *https://learningtypescript.com/arrays* 上，練習所學到的內容。

海盜最喜歡的資料結構是什麼？

Arrrrr-ays!（興奮的表達）

第七章

介面

為什麼只使用這些
思索無聊的內建型別形態時
我們可以自行製作！

曾在第 4 章「物件」中提到，儘管使用 { ... } 物件型別是描述物件形態的一種方式，
TypeScript 還包括許多開發人員喜歡的「介面」功能。介面是另一種宣告具有物件形態
聯動名稱的方法。介面在許多方面與物件別名的型別相似，但通常因為更容易解讀錯誤
訊息、提升編譯器效能，以及與類別有更好的操作性而受到青睞。

型別別名與介面

下面簡單回顧一下，使用物件型別別名如何描述物件具有 born: number 和 name: string
的語法：

```
type Poet = {
  born: number;
  name: string;
};
```

以下是介面的等效語法：

```
interface Poet {
  born: number;
  name: string;
}
```

兩種語法幾乎相同。

喜歡分號的開發人員，通常將它們放在型別別名之後，而不是在介面之後。這樣的偏好反映出使用 ; 在宣告變數與有無宣告類別或函數之間的區別。

TypeScript 對介面的可指派性檢查和錯誤訊息也可以同時運作，並且對物件型別所做的解析，看起來幾乎相同。如果 Poet 是介面或型別別名，則以下當指派給 valueLater 變數，所發生指派性錯誤的狀況大致相同：

```
let valueLater: Poet;

// 正確
valueLater = {
  born: 1935,
  name: 'Sara Teasdale',
};

valueLater = "Emily Dickinson";
// 錯誤：型別 'string' 不可指派給型別 'Poet'。

valueLater = {
  born: true,
  // 錯誤：型別 'boolean' 不可指派給型別 'number'。
  name: 'Sappho'
};
```

但是，介面和型別別名之間有一些關鍵區別：

- 正如我們將在本章後面看到的那樣，介面可以「合併」在一起，進行擴充──在使用第三方程式碼（如內建全域變數或 npm 套件）時，這個特性非常有用。

- 將在接下來第 8 章「類別」中提到的，介面可用於類別宣告做型別結構的檢查，而型別別名不能。

- 通常使用介面，讓 TypeScript 型別檢查變得更快速：在內部宣告一個可以更容易暫存的命名型別，而非如型別別名那樣，動態複製和貼上檢查新物件字面數值。

- 因為介面被認為是命名物件，而不是未命名物件的別名，所以它們的錯誤訊息在一些特殊邊緣情況下，更容易閱讀。

由於最後兩個原因，並且延續保持一致性，本書的其餘部分及其相關專案，預設使用介面而不是物件形態的別名。也就是說，除非需要型別別名的聯集等功能，通常建議盡可能使用介面。

屬性型別

JavaScript 物件在實際使用中，可能會見到一些原始且古怪的行為，包括 getter、setter、某些時候才存在的屬性或接受任何的屬性名稱。TypeScript 為介面提供了一組型別系統工具，可以幫助我們對這種情況進行建構模式。

 因為介面和型別別名的行為非常相似，所以本章介紹的屬性型別，也都可用於具有別名的物件型別。

可選擇的屬性

與物件型別一樣，在物件中介面屬性都不是必需的。我們可以透過，在型別註記:之前包含 ?，來表示介面的屬性是可選擇的。

這個 Book 介面只需一個必要的屬性，而允許另一個屬性是可選的。物件需遵守提供必要的部分，可以將選擇的其他部分排除在外：

```
interface Book {
  author?: string;
  pages: number;
};

// 正確
const ok: Book = {
    author: "Rita Dove",
    pages: 80,
};

const missing: Book = {
    pages: 80
};
// 錯誤：型別 '{ pages: number; }' 缺少屬性 'author'，但類型 'Book' 必須有該屬性。
```

關於可選擇的屬性和型別，倘若在型別聯集包含了 undefined，二者皆有相同的警告，也同樣適用於介面以及物件型別。第 13 章「配置設定選項」，將討論 TypeScript 可選擇的嚴格設定項目。

唯讀屬性

有時我們可能希望阻止介面的使用者，重新指派附加到介面的屬性，避免影響物件。TypeScript 允許我們在屬性名稱之前增加 readonly（唯讀修飾符號），一旦設定指示，該屬性將無法設定為不同的數值。這些 readonly 屬性可以正常讀取，但不能重新指派任何新的數值。

如下面例中 Page 介面的 text 屬性，在存取時回傳一個 string，但如果指派一個新數值會導致型別錯誤：

```
interface Page {
    readonly text: string;
}

function read(page: Page) {
    // 正確：reading the text property doesn't attempt to modify it
    console.log(page.text);

    page.text += "!";
    //   ~~~~
    // 錯誤：因為 'text' 為唯讀屬性，所以無法指派至 'text'。
}
```

請注意，readonly 修飾符號只存在於型別系統中，並且僅適用於該介面使用。除非該物件在宣告位置中使用屬於它的介面，否則將不適用於物件。

延續先前範例，在 exclaim 中允許在函數外部修改 text 屬性，因為直到在函數內部，才明確操作它的父物件 Text。pageIsh 允許如同 Page 介面一般操作，因為在外部指派參數給 readonly 屬性，而在函數內部全部必須以 readonly 的介面方式，讀取所需要的屬性：

```
const pageIsh = {
  text: "Hello, world!",
};

// 正確：messengerIsh 藉由 text 被推斷為物件型別，而非 Page
page.text += "!";

// 正確：read 接受 Page，而 pageIsh 恰好符合該型別
read(messengerIsh);
```

依照：Page 介面的明確型別方式，宣告變數 pageIsh，會向 TypeScript 表示它的 text 屬性是 readonly。然而，若以型別推斷，則非 readonly。

唯讀介面成員是一種便宜行事的作法，可以確保程式碼區域中，避免意外修改到不應該修改的物件。但是請記住，它們只是由型別系統所虛構的，並不存在於編譯後輸出的 JavaScript 程式碼中。它們僅在開發過程中使用 TypeScript 做型別檢查，以防止修改。

函數和方法

物件成員是在 JavaScript 的函數中，是最常見到的。因此 TypeScript 允許將介面成員宣告的方式，如同前在第 5 章「函數」中介紹的函數型別相似。

TypeScript 提供兩種介面成員宣告為函數的方法：

- 方法（*Method*）語法：宣告介面的成員，作為物件成員呼叫的函數，例如 member(): void

- 屬性（*Property*）語法：宣告介面的成員，為獨立函數，例如 member: () => void

這兩種宣告形式，類似於 JavaScript 中宣告物件所具備的函數。

此處顯示的 method 和 property 成員，都是可以不帶參數呼叫，並回傳 string 的函數：

```
interface HasBothFunctionTypes {
  property: () => string;
  method(): string;
}

const hasBoth: HasBothFunctionTypes = {
  property: () => "",
  method() {
    return "";
  }
};

hasBoth.property(); // 正確
hasBoth.method(); // 正確
```

兩種形式都可以接受？可選擇的修飾符號，表示不需要提供它們：

```
interface OptionalReadonlyFunctions {
  optionalProperty?: () => string;
  optionalMethod?(): string;
}
```

方法和屬性宣告大多可以互換使用。將在本書中介紹它們之間的主要區別：

- 方法不能宣告為 readonly；但屬性可以。

- 介面合併（本章稍後介紹）不同的處理方式。

- 第 15 章「型別操作」中，將介紹對型別的一些執行操作以及處理方式的不同。

對於 TypeScript 在未來版本中，可能會讓方法和屬性函數之間有所差異，亦可能加入更嚴格的選項。

目前，一般推薦的作法指引是：

- 如果我們知道底層函數運作，則使用方法函數；通常是在類別的實體中，參考這個方法函數（將在第 8 章「類別」中介紹）。

- 否則使用屬性函數。

如果將這兩者混為一談，或者不清楚其中的區別，也請不要擔心。不管兩者之間的區別，很少會影響到我們的程式碼，除非刻意區分範圍或必須強迫使用選擇哪種形式。

呼叫特徵

宣告介面和物件型別會具有**呼叫特徵**（*call signatures*），這是在型別系統中描述一個數值是如何被函數呼叫。只有符合呼叫特徵宣告的方式，才能夠將呼叫數值指派給介面──即也就是說此函數具有可指派參數和回傳的型別。呼叫特徵看起來類似於函數型別，但以冒號 : 取代箭頭 =>。

以下 FunctionAlias 和 CallSignature 型別，都描述相同的函數參數和回傳型別：

```
type FunctionAlias = (input: string) => number;

interface CallSignature {
  (input: string): number;
}

// 型別 : (input: string) => number
const typedFunctionAlias: FunctionAlias = (input) => input.length; // 正確

// 型別 : (input: string) => number
const typedCallSignature: CallSignature = (input) => input.length; // 正確
```

呼叫特徵可用於描述在函數中具有某些使用者所定義的額外屬性。TypeScript 會將額外添加到函數宣告的屬性，識為該函數宣告增加的型別。

下面的 keepTrackOfCalls 函數宣告中，賦予 count 屬性具有 number 的型別，使其可指派給 FunctionWithCount 介面。因此，可以指派給 FunctionWithCount 型別的 hasCallCount 參數。例子末端的函數沒有 count：

```
interface FunctionWithCount {
  count: number;
  (): void;
}

let hasCallCount: FunctionWithCount;

function keepsTrackOfCalls() {
  keepsTrackOfCalls.count += 1;
  console.log(`I've been called ${keepsTrackOfCalls.count} times!`);
}

keepsTrackOfCalls.count = 0;

hasCallCount = keepsTrackOfCalls; // 正確

function doesNotHaveCount() {
  console.log("No idea!");
}

hasCallCount = doesNotHaveCount;
// 錯誤：型別 '() => void' 缺少屬性 'count'，但型別 'FunctionWithCount' 必須有該屬性。
```

索引特徵

某些 JavaScript 專案建立物件的目的，是將數值儲存在任意 string 鍵值之下。對於這些「容器」物件，為每個可能的欄位鍵值宣告一個介面是既不可能也不切實際。

TypeScript 提供了一種稱為*索引特徵*（*index signature*）的語法，用來指示介面的物件，可以接受任何鍵值，並回傳該鍵值下的特定型別。它們最常用於字串鍵值，因為 JavaScript 搜尋物件屬性，會默認將鍵值轉換為字串。而索引特徵看起來像平常的屬性定義，在鍵值之後會有一個型別，並且在周圍帶有陣列括號，例如 { [i: string]: ... }。

這個 WordCounts 介面被宣告為，允許任何帶有 number 數值的 string 鍵值。該型別的物件，並不一定會接收任何特定的鍵值，只要鍵值是一個 number：

```
interface WordCounts {
  [i: string]: number;
}

const counts: WordCounts = {};
```

```
counts.apple = 0; // 正確
counts.banana = 1; // 正確

counts.cherry = false;
// 錯誤：型別 'boolean' 不可指派給型別 'number'。
```

索引特徵對於物件指派數值操作上是相當便利的，但卻未符合良好的型別安全。它們也意味著，無論存取什麼屬性，物件都應該回傳一個值。

這個 publishDates 數值將 Frankenstein 作為 Date 安全的回傳，但我們故意欺騙 TypeScript 讓它認為 Beloved 是已定義，即便它是 undefined：

```
interface DatesByName {
  [i: string]: Date;
}

const publishDates: DatesByName = {
  Frankenstein: new Date("1 January 1818"),
};

publishDates.Frankenstein; // 型別：Date
console.log(publishDates.Frankenstein.toString()); // 正確

publishDates.Beloved; // 型別：Date，但執行時為 undefined
console.log(publishDates.Beloved.toString()); // 在型別系統中是正確的，
// 但執行時期錯誤：無法存取屬性 'toString'
```

如果可能，我們會希望將事先不知道的鍵值儲存起來，通常使用 Map 會更安全。因為它的 .get 方法總是回傳一個帶有 |<C>undefined 的型別，表示鍵值可能不存在。第 9 章「型別修飾符號」將討論如何使用泛型容器類別，例如 Map 和 Set。

混合的屬性和索引特徵

介面能夠包含明確的屬性命名和包羅萬象的 string 索引特徵，有一點要注意的：每個命名屬性的型別，必須可以指派給一般的索引特徵型別。我們可以將它們混合在一起，就像告訴 TypeScript 命名屬性制訂出更具體的型別，而任何其他屬性都可以回退到索引特徵的型別。

在這以下例子 HistoricalNovels 宣告所有屬性都是 number 型別，此外 Oroonoko 屬性必須存在：

```
interface HistoricalNovels {
  Oroonoko: number;
```

```
    [i: string]: number;
  }

  // 正確
  const novels: HistoricalNovels = {
    Outlander: 1991,
    Oroonoko: 1688,
  };

  const missingOroonoko: HistoricalNovels = {
    Outlander: 1991,
  };
  // 錯誤：型別 '{ Outlander: number; }' 缺少屬性 'Oroonoko'，
  // 但型別 'HistoricalNovels' 必須有該屬性。
```

混合的屬性和索引特徵是型別系統中一個常見技巧，因為使用命名屬性相較之下帶有索引特徵的原始型別，在文字表達上更加具體化。只要命名屬性的型別可以指派給索引特徵，或適合的文字及原始型別，則 TypeScript 都將允許。

在這裡，ChapterStarts 宣告 preface 下的屬性必須為 0，而其他所有屬性也都有更通用的 number。這表示任何遵守 ChapterStarts 的物件，都必須有一個等於 0 的 preface 屬性：

```
  interface ChapterStarts {
    preface: 0;
    [i: string]: number;
  }

  const correctPreface: ChapterStarts = {
    preface: 0,
    night: 1,
    shopping: 5
  };

  const wrongPreface: ChapterStarts = {
    preface: 1,
    // 錯誤：型別 '1' 不可指派給型別 '0'。
  };
```

數字索引特徵

儘管 JavaScript 搜尋物件屬性，會默認將鍵值轉換為字串，但有時只希望允許數字作為物件的鍵值。TypeScript 索引特徵可以使用 number 型別而非 string，這與命名屬性具有相同的效果，即使命名屬性的型別須指派給一般 string 索引特徵。

以下範例中，MoreNarrowNumbers 介面是被允許的，因為 string 可指派給 string |
undefined，而 MoreNarrowStrings 因為 string | undefined 無法指派給 string：

```
// 正確
interface MoreNarrowNumbers {
  [i: number]: string;
  [i: string]: string | undefined;
}

// 正確
const mixesNumbersAndStrings: MoreNarrowNumbers = {
  0: '',
  key1: '',
  key2: undefined,
}

interface MoreNarrowStrings {
  [i: number]: string | undefined;
  // 錯誤：'number' 索引型別 'string | undefined' 無法指派給 'string' 索引型別 'string'。
  [i: string]: string;
}
```

巢狀介面

如同物件型別可以作為其他物件型別的巢狀屬性一般，介面型別本身也可以具有介面型
別（或物件型別）的屬性。

這個 Novel 介面，必須滿足包含一個內部物件型別的 author 屬性和一個 Setting 介面的
setting 屬性：

```
interface Novel {
    author: {
        name: string;
    };
    setting: Setting;
}

interface Setting {
    place: string;
    year: number;
}

let myNovel: Novel;

// 正確
myNovel = {
```

```
        author: {
            name: 'Jane Austen',
        },
        setting: {
            place: 'England',
            year: 1812,
        }
    };

    myNovel = {
        author: {
            name: 'Emily Brontë',
        },
        setting: {
            place: 'West Yorkshire',
        },
        // 錯誤：型別 '{ place: string; }' 缺少屬性 'year'，但型別 'Setting' 必須有該屬性。
    };
```

介面擴充

有時我們可能會得到許多，看起來彼此相似的介面。一個介面可能包含另一個介面的所有相同成員，並且還會加入一些額外功能。

TypeScript 允許一個介面擴充（*extend*）另一個介面，它的宣告會複製另一個介面的所有成員。一個介面可以在其名稱（「衍生」介面）之後添加 extends 關鍵字，然後是要擴充的介面的名稱（「基本」介面），來標記擴充為另一個介面。如此向 TypeScript 表示所有遵循衍生介面的物件，也必須具有基本介面的所有成員。

在以下範例中，Novella 介面從 Writing 擴充而來，因此要求物件至少同時具有 Novella 的 pages 和 Writing 的 title 成員：

```
interface Writing {
    title: string;
}

interface Novella extends Writing {
    pages: number;
}

// 正確
let myNovella: Novella = {
    pages: 195,
    title: "Ethan Frome",
```

```
};

let missingPages: Novella = {
 // ~~~~~~~~~~~~
 // 錯誤：型別 '{ title: string; }' 缺少屬性 'pages'，但型別 'Novella' 必須有該屬性。
    title: "The Awakening",
}

let extraProperty: Novella = {
 // ~~~~~~~~~~~~~
 // 錯誤：型別 '{ pages: number; strategy: string; style: string; }'
 // 不可指派給型別 'Novella'。
 //    物件數值只可指定已知的屬性，且型別 'Novella' 中沒有 'strategy'。
    pages: 300,
    strategy: "baseline",
    style: "Naturalism"
};
```

介面擴充是一種很好的方式，用來表示專案中，一個實體是另一個實體的超集合（包括所有成員）的這種關係。讓我們避免在多個介面中，重複輸入相同的程式碼。

覆寫的屬性

衍生介面可以使用不同型別再次宣告屬性，來覆寫（*override*）或替換基本介面中的屬性。TypeScript 的型別檢查，將強制被覆寫的屬性，必須可以指派給它的基本屬性。這樣做是為了確保衍生介面型別的實作，可保持指派給基本介面型別。

透過型別聯集，使這些屬性成為更具體的子集，或者使屬性成為從基本介面型別擴充的型別，因此大多數重新宣告的屬性，其衍生介面都是這樣而來。

例如，這個 WithNullableName 型別在 WithNonNullableName 中，以正確的方式，被設定為非空。但是 WithNumericName 不允許作為 number | string，並且不能指派給 string | null：

```
interface WithNullableName {
    name: string | null;
}

interface WithNonNullableName extends WithNullableName {
    name: string;
}

interface WithNumericName extends WithNullableName {
    name: number | string;
```

```
  }
  // 錯誤：介面 'WithNumericName' 不正確地擴充介面 'WithNullableName'。
  //     屬性 'name' 的型別不相容。
  //        型別 'string | number' 不可指派給型別 'string | null'。
  //            型別 'number' 不可指派給型別 'string'。
```

擴充多個介面

TypeScript 中的介面可以被宣告擴充成為其他多個介面。在衍生介面名稱之後的 extends 關鍵字，可以使用任何數量的介面名稱，並用逗號分隔。衍生介面將接收來自基本介面的所有成員。

在這裡 GivesBothAndEither 具有三個方法：一個獨有的、一個來自 GivesNumber，另一個來自 GivesString：

```
interface GivesNumber {
  giveNumber(): number;
}

interface GivesString {
  giveString(): string;
}

interface GivesBothAndEither extends GivesNumber, GivesString {
  giveEither(): number | string;
}

function useGivesBoth(instance: GivesBothAndEither) {
  instance.giveEither(); // 型別：number | string
  instance.giveNumber(); // 型別：number
  instance.giveString(); // 型別：string
}
```

透過將一個介面標記為擴充多個其他介面，我們既可以減少重複的程式碼，又可以更輕鬆在不同的程式碼區域中，重複使用物件形態。

介面合併

介面的重要特性之一是它們能夠相互合併。介面合併意味著，如果兩個介面以相同的名稱宣告在同一個作用域中，它們將加入一個更大的介面，新的名稱將具有所有宣告。

這個例子宣告一個帶有兩個屬性的 Merged 介面：fromFirst 和 fromSecond：

```
interface Merged {
  fromFirst: string;
}

interface Merged {
  fromSecond: number;
}

// 等同於 :
// interface Merged {
//   fromFirst: string;
//   fromSecond: number;
// }
```

介面合併不是 TypeScript 在開發中常使用的功能。建議盡可能避免使用它，因為很難分析多個介面在程式碼中宣告的位置。

然而，擴充介面的合併對於從外部套件或內建全域介面（如 `Windo`）特別有效果。例如，當使用預設的 TypeScript 編譯器選項時，在具有 `myEnvironmentVariable` 屬性的檔案中，宣告 `Window` 介面，會使得 `window.myEnvironmentVariable` 可被操作：

```
interface Window {
  myEnvironmentVariable: string;
}

window.myEnvironmentVariable; // 型別 : string
```

在第 11 章「宣告檔案」中，會更深入介紹型別定義，並在第 13 章「配置設定選項」中介紹 TypeScript 全域型別選項。

成員命名衝突

請注意，合併的介面可能不會多次宣告相同屬性名稱，並使用不同的型別。如果某個屬性已經在介面中宣告，則之後合併的介面必須使用相同的型別。

在此 `MergedProperties` 介面中，因為兩個宣告是相同的，允許使用 `same` 的屬性，但不同的是作為 `different` 型別的錯誤：

```
interface MergedProperties {
  same: (input: boolean) => string;
  different: (input: string) => string;
}

interface MergedProperties {
  same: (input: boolean) => string; // 正確
```

```
  different: (input: number) => string;
  // 錯誤：連續的屬性宣告必須具有相同的型別。
  // 屬性 'different' 的型別必須是 '(input: string) => string'，
  // 但此處卻是型別 '(input: number) => string'。
}
```

合併的介面可以定義具有相同名稱和不同特徵的方法。但是這樣做會為該方法建立一個函數重載。

這個 MergedMethods 介面建立一個 different 的方法，有兩個覆寫：

```
interface MergedMethods {
  different(input: string): string;
}
interface MergedMethods {
  different(input: number): string; // 正確
}
```

總結

本章介紹使用介面是如何描述物件型別：

- 使用介面而非型別別名稱來宣告物件型別

- 各種介面屬性型別：可選擇的、唯讀、函數和方法

- 對包羅萬象的物件屬性使用索引特徵

- 使用巢狀介面重複使用介面並 extends 繼承

- 具有相同名稱的介面是如何合併在一起

接下的內容，將說明用於設定多個物件、具有相同屬性的原生 JavaScript 語法：類別。

 現在我們已經閱讀完本章，在 *https://learningtypescript.com/objects-and-interfaces* 上，練習所學到有關介面的內容。

為什麼介面是好的驅使者？
它們擅長合併。

第八章

類別

某些功能開發人員
會盡量不使用類別
對我而言太過激烈

在 JavaScript 的世界，自 2010 年代初至 TypeScript 建立和發佈期間、乃至今日，早已完全不同。之後在 ES2015 中，標準化箭頭函數和 let/const 變數等功能仍然遙遙無期。距離 Babel 的第一次提交標準還有幾年的時間。而它前身的工具 Traceur，將新 JavaScript 語法轉換為舊語法的功能，並沒有完全被主流所採用。

TypeScript 的早期目的和功能是為那個時間點所量身定制的。除了型別檢查之外，還強調轉譯器——類別是一個常見的例子。如今，TypeScript 對類別支援只是所有 JavaScript 語言的眾多功能之一。TypeScript 既不鼓勵也不反對使用類別或任何其他流行的 JavaScript 模式。

類別方法

TypeScript 解析方法的方式通常與分析獨立函數的方式相同。除非給定型別或預設值，否則參數型別預設為 any；呼叫方法需要可接受數量的參數；如果不是遞迴函數，通常可以推斷回傳型別。

這個程式碼片段定義一個 Greeter 類別，帶有一個 greet 類別方法，這個方法必需接受一個 number 型別的參數：

```
class Greeter {
    greet(name: string) {
```

```
            console.log(`${name}, do your stuff!`);
        }
    }

    new Greeter().greet("Miss Frizzle"); // 正確

    new Greeter().greet();
    //            ~~~~~
    // 錯誤：應有 1 個引數，但得到 0 個。
```

就其參數而言，類別建構函數被視為典型的類別方法。TypeScript 將執行型別檢查，用以確保呼叫方法提供正確數量型別的參數。

這個 Greeted 建構函數也希望提供需要的 message: string 參數：

```
    class Greeted {
        constructor(message: string) {
            console.log(`As I always say: ${message}!`);
        }
    }

    new Greeted("take chances, make mistakes, get messy");

    new Greeted();
    // 錯誤：應有 1 個引數，但得到 0 個。
```

我們在本章後面的內容，將介紹子類別建構函數。

類別屬性

要在 TypeScript 中讀取或寫入類別的屬性，必須在類別中明確宣告。類別屬性使用與介面宣告的語法相同：在屬性名稱後面緊跟著選擇的型別註記。

TypeScript 不會嘗試從建構函數中的指派數值，推斷類別中可能存在的成員。

在此範例中，允許將 destination 以明確宣告為 string，指派給 FieldTrip 類別的實體，並對其進行存取。不允許在建構函數中，進行 this.nonexistent 指派數值，因為該類別沒有宣告這樣的屬性存在著：

```
    class FieldTrip {
        destination: string;

        constructor(destination: string) {
            this.destination = destination; // Ok
```

```
            console.log(`We're going to ${this.destination}!`);

            this.nonexistent = destination;
            //   ~~~~~~~~~~~
            // 錯誤：型別 'FieldTrip' 沒有屬性 'nonexistent'。
        }
    }
```

明確宣告類別屬性讓 TypeScript 能快速分析類別實體上允許或不允許存在的內容。稍後，當使用類別實體時，如果程式碼嘗試存取無法判定存在與否的類別實體成員，TypeScript 會產生型別錯誤，如例子中使用 `trip.nonexistent`：

```
const trip = new FieldTrip("planetarium");

trip.destination; // 正確

trip.nonexistent;
//   ~~~~~~~~~~~
// 錯誤：型別 'FieldTrip' 沒有屬性 'nonexistent'。
```

函數屬性

讓我們稍微回顧一下 JavaScript 方法範圍和語法的基礎知識，避免可能的困惑。在 JavaScript 中用於宣告類別的成員成為可呼叫函數，有兩種語法：**方法**（*method*）和**屬性**（*property*）。

前面已經呈現過在成員名稱後加上括號的方法，例如 `myFunction() {}`。以這樣的手法，將函數指派給類別原型，因此所有類別實體都使用相同的函數定義。

這個 `WithMethod` 類別宣告了一個所有實體都可以使用的 `myMethod` 方法：

```
class WithMethod {
    myMethod() {}
}

new WithMethod().myMethod === new WithMethod().myMethod; // true
```

另一種語法是宣告一個屬性，其值恰好是一個函數。這將為類別的每個實體建立一個新函數，這對於 `()` => 箭頭函數很有用，其中 `this` 應始終指向類別實體的範圍（需為每個類別實體建立新函數，考量所花費的時間和記憶體的成本）。

此 `WithProperty` 類別包含名稱為 `myProperty` 和 `()` => `void` 型別的單一屬性，將為每個類別實體重新建立該屬性：

```
class WithProperty {
    myProperty: () => {}
}

new WithMethod().myProperty === new WithMethod().myProperty; // false
```

可以使用與類別方法和獨立函數相同的語法，替函數屬性指定參數和回傳型別。畢竟，
它們是指派給類別成員的數值，而該數值恰好是一個函數。

這個 WithPropertyParameters 類別有一個型別為 (input: string) => number：

```
class WithPropertyParameters {
    takesParameters = (input: boolean) => input ? "Yes" : "No";
}

const instance = new WithPropertyParameters();

instance.takesParameters(true); // 正確

instance.takesParameters(123);
//                       ~~~
// 錯誤：型別 'number' 的引數不可指派給型別 'boolean' 的參數。
```

初始化檢查

開啟嚴格的編譯器設定後，TypeScript 將檢查建構函數中每個屬性宣告的型別，是否被
指派一個不能包含 undefined 的數值。這種嚴格的初始化檢查相當有效，因為可以防止
程式碼忘記為類別屬性指派數值的意外狀況。

以下 WithValue 類別中，並沒有將 unused 屬性指派數值，TypeScript 將其識別為型別
錯誤：

```
class WithValue {
    immediate = 0; // 正確
    later: number; // 正確 (set in the constructor)
    mayBeUndefined: number | undefined; // 正確 (allowed to be undefined)

    unused: number;
    // 錯誤：屬性 'unused' 沒有初始設定式，且未在建構函數中明確指派。

    constructor() {
        this.later = 1;
    }
}
```

即使型別系統不允許的情況下，如果沒有嚴格的初始化檢查，類別實體可能被存取到 undefined 的數值。

以下的例子，如果沒有進行嚴格的初始化檢查，仍然會順利編譯，但生成的 JavaScript 會在執行時當機：

```
class MissingInitializer {
    property: string;
}

new MissingInitializer().property.length;
// TypeError: 屬性 'property' 沒有初始設定式，且未在建構函式中明確指派。
```

又再次見到十億美元的錯誤！

第 12 章「使用 IDE 功能」，將介紹了使用 TypeScript 的 strictPropertyInitialization 編譯器選項，配置嚴格的初始化屬性檢查。

明確指定的屬性

儘管嚴格的初始化檢查，在大多數情況下很有用，但我們可能會遇到一些問題，也就是在類別建構函數之後，故意取消能夠指派的類別屬性。如果絕對確保一個屬性不需要套用嚴格的初始化檢查，我們可以在屬性名稱之後增加一個！，則可關閉檢查。這樣做會向 TypeScript 斷言，該屬性將在第一次使用之前，會被指派一個非 undefined 的數值。

這裡的 ActivitiesQueue 類別與其建構函數分開，目的希望多次重新初始化 pending 屬性，因此必須用！宣告：

```
class ActivitiesQueue {
    pending!: string[]; // 正確

    initialize(pending: string[]) {
        this.pending = pending;
    }

    next() {
        return this.pending.pop();
    }
}

const activities = new ActivitiesQueue();

activities.initialize(['eat', 'sleep', 'learn'])
activities.next();
```

通常需要關閉對類別屬性的嚴格初始化檢查，表示程式碼的設定方式不適合型別檢查。增加一個 ! 斷言並降低屬性的型別安全性，這並非是一個好的方式，應該考慮重構類別，避免這樣斷言的使用。

可選擇的屬性

可選擇的屬性很像介面，在 TypeScript 的類別中，可以在其宣告名稱之後增加一個 ?。它的行為與型別的屬性，恰好是與包含 | undefined 的聯集大致相同。如果沒有在建構函數中明確設定，將不會做嚴格的初始化檢查。

這個 OptionalProperty 類別，將其屬性標記為可選擇的，因此不管嚴格的屬性初始化檢查，都將允許在類別建構函數中，不對其進行指派數值：

```
class MissingInitializer {
    property?: string;
}

new MissingInitializer().property?.length; // 正確

new MissingInitializer().property.length;
// 錯誤：物件可能為 undefined。
```

唯讀屬性

再次如同 TypeScript 中的介面，類別可以透過其宣告名稱之前增加 readonly 關鍵字來將屬性宣告成唯讀。readonly 關鍵字僅存在於型別系統中，並在編譯為 JavaScript 時被刪除。

宣告為 readonly 的屬性只能在宣告它們的地方或在建構函數中，指派初始數值。任何其他位置，包含類別本身的方法，也只能從屬性中讀取，而不是寫入它們。

在此範例中，Quote 類別的 text 屬性，在建構函數中被賦予了一個數值，但在其他位置使用會導致型別錯誤：

```
class Quote {
    readonly text: string;

    constructor(text: string) {
        this.text = ;
    }

    emphasize() {
```

```
        this.text += "!";
        //   ~~~~
        // 錯誤:因為 'text' 為唯讀屬性,所以無法指派至 'text'。
    }
}

const quote = new Quote(
    "There is a brilliant child locked inside every student."
);

Quote.text = "Ha!";
// 錯誤:因為 'text' 為唯讀屬性,所以無法指派至 'text'。
```

 程式碼的外部使用者,例如發佈任何 npm 套件的操作者,可能不在乎 readonly 修飾符號 —— 特別是他們正在撰寫 JavaScript 而且沒有型別 檢查。如果需要真正的唯讀保護,請考慮使用 # 私有欄位或 get() 函數 屬性。

宣告為具有基本初始數值的唯讀屬性與其他屬性相比,會有些許奇怪的要求:它們可能 被推斷為經過數值窄化的*字面*型別,而不是更寬的*私有*型別。TypeScript 相當認同更激 進的初始型別窄化,因為該數值之後都不會修改;因此類似於 const 變數,採用比 let 變數更窄的型別。

此範例中,類別屬性最初都宣告為文字字串,因此為了將其中一個擴充為 string,需要 註記型別:

```
class RandomQuote {
    readonly explicit: string = "Home is the nicest word there is.";
    readonly implicit = "Home is the nicest word there is.";

    constructor() {
        if (Math.random () > 0.5) {
            this.explicit = "We start learning the minute we're born." // 正確;

            this.implicit = "We start learning the minute we're born.";
            // 錯誤:型別 '"We start learning the minute we're born."'
            // 不可指派給型別 '"Home is the nicest word there is."'。
        }
    }
}

const quote = new RandomQuote();

quote.explicit; // 型別:string
```

```
quote.implicit; // 型別 : "Home is the nicest word there is."
```

並不是經常需要明確擴充屬性的型別。儘管如此，有時對建構函數中的條件邏輯會很有用，如 RandomQuote 中的建構函數。

作為型別的類別

類別在型別系統中是相對是獨特的，因為類別宣告會在執行時建立數值，並可在其中註記使用的型別。

例子含有一個 teacher 變數，用來註記 Teacher 類別，告訴 TypeScript 它應該只能指派 Teacher 類別給數值：

```
class Teacher {
    sayHello() {
        console.log("Take chances, make mistakes, get messy!");
    }
}

let teacher: Teacher;

teacher = new Teacher(); // 正確

teacher = "Wahoo!";
// 錯誤 : 型別 'string' 不可指派給型別 'Teacher'。
```

有趣的是 TypeScript 會考慮將任何的物件型別，包含類別的所有相同成員，直接指派給該類別。這是因為 TypeScript 的結構型別只關心物件的形態，而不在乎宣告的方式。

在這裡，withSchoolBus 接受一個 SchoolBus 型別的參數。透過任何具有 () => string[] 型別的 getAbilities 屬性的物件來達成，例如 SchoolBus 的類別實體：

```
class SchoolBus {
    getAbilities() {
        return ["magic", "shapeshifting"];
    }
}

function withSchoolBus(bus: SchoolBus) {
    console.log(bus.getAbilities());
}

withSchoolBus(new SchoolBus()); // 正確
```

```
// 正確
withSchoolBus({
    getAbilities: () => ["transmogrification"],
});

withSchoolBus({
    getAbilities: () => 123,
    //                  ~~~
    // 錯誤：型別 'number' 不可指派給型別 'string[]'。
});
```

 實際在大多數程式碼中，開發人員不會在傳遞物件的地方，要求類別型別。以上的結構檢查結果可能看起來出令人意外，但並不常見。

類別和介面

回到第 7 章「介面」，我們將說明介面如何讓 TypeScript 開發人員，在程式碼中設定期望的物件形態。TypeScript 允許類別透過在類別名稱之後添加 implements 關鍵字，後面緊接著所遵循的介面，來宣告實體。這樣做向 TypeScript 表示該類別的實體，其介面中的每一個部分都應該被實作。任何不符合型別檢查的部分，都會被視為型別錯誤。

在此範例中 Student 類別透過介面宣告，包含其屬性名稱和 study 方法，正確地實作 Learner，但 Slacker 缺少 study，因此導致型別錯誤：

```
interface Learner {
    name: string;
    study(hours: number): void;
}

class Student implements Learner {
    name: string;

    constructor(name: string) {
        this.name = name;
    }

    study(hours: number) {
        for (let i = 0; i < hours; i+= 1) {
            console.log("...studying...");
        }
    }
}
```

```
class Slacker implements Learner {
   // ~~~~~~
   // 錯誤：類別 'Slacker' 不正確地實作介面 'Learner'。
   //   型別 'Slacker' 缺少屬性 'study'，
   //   但型別 'Learner' 必須有該屬性。
    name = "Rocky";
}
```

 正如 Learner 介面所使用的那樣，在類別中將介面成員宣告為函數，並使用類別方法來實作介面。

將介面標記為類別需要實作的部分，並不會改變類別的使用方式。如果該類別碰巧與介面相符，無論是否使用，TypeScript 都將針對需要介面實體的地方做型別檢查。TypeScript 甚至不會從介面去推斷類別的方法或屬性的型別：如果在 Slacker 範例中增加了一個 study(hours) {} 方法，TypeScript 會認為 hours 參數是不明確的 any 型別而產生錯誤，除非以型別註記指定。

因此，這個版本的 Student 類別會導致任何不明確型別的錯誤，因為沒有在其成員上提供型別註記：

```
class Student implements Learner {
    name;
    // 錯誤：成員 'name' 隱含了 'any' 型別。

    study(hours) {
        // 錯誤：參數 'hours' 隱含了 'any' 型別。
    }
}
```

實作介面純粹是一種安全檢查。它不會為我們的任何介面成員，進行複製的動作到類別定義中。相反，實作介面是向型別檢查說明我們的意圖，並在類別定義中顯示型別錯誤，而不是使用在稍後類別實體上。其目的類似於替變數增加型別註記，即使它具有初始數值。

多個實作的介面

在 TypeScript 中，允許將類別宣告為多個實作介面。將類別的實作介面列表出來，可以是任意數量的介面名稱，並以逗號區隔開。

在這個例子中，兩個類別都需要至少有一個 grades 屬性來實作 Graded 和一個 report 屬性來實作 Reporter。Empty 類別有兩種型別錯誤，因為未能正確實作任一介面：

```
interface Graded {
    grades: number[];
}

interface Reporter {
    report: () => string;
}

class ReportCard implements Graded, Reporter {
    grades: number[];

    constructor(grades: number[]) {
        this.grades = grades;
    }

    report() {
        return this.grades.join(", ");
    }
}

class Empty implements Graded, Reporter { }
    // ~~~~~
    // 錯誤：類別 'Empty' 不正確地實作介面 'Graded'。
    //     型別 'Empty' 缺少屬性 'grades'，但型別 'Graded' 必須有該屬性。
    // ~~~~~
    // 錯誤：類別 'Empty' 不正確地實作介面 'Reporter'。
    //     型別 'Empty' 缺少屬性 'report'，但型別 'Reporter' 必須有該屬性。
```

在開發過程中，可能有某些介面的定義，會使得某一個類別不可能同時實作這兩者。因此嘗試宣告一個實作兩個衝突介面的類別，將導致該類別至少出現一個型別錯誤。

以下 AgeIsANumber 和 AgeIsNotANumber 介面替 age 屬性做了非常不同的宣告型別。會造成 AsNumber 類別和 NotAsNumber 類別兩者都不能正確實作：

```
interface AgeIsANumber {
    age: number;
}

interface AgeIsNotANumber {
    age: () => string;
}

class AsNumber implements AgeIsANumber, AgeIsNotANumber {
    age = 0;
```

```
// ~~~
// 錯誤：型別 'AsNumber' 中的屬性 'age'
// 無法指派給基底型別 'AgeIsNotANumber' 中的相同屬性。
//   型別 'number' 不可指派給型別 '() => string'。
}

class NotAsNumber implements AgeIsANumber, AgeIsNotANumber {
    age() { return ""; }
// ~~~
// 錯誤：型別 'NotAsNumber' 中的屬性 'age'
// 無法指派給基底型別 'AgeIsANumber' 中的相同屬性。
//   型別 '() => string' 不可指派給型別 'number'。
}
```

像這樣兩個物件介面描述全然不同的情況，通常表示我們不應該嘗試使用相同的類別來實作它們。

擴充類別

延續 JavaScript 類別的概念，TypeScript 將型別檢查附加到一個擴充類別或子類別之中。首先，在基本類別上宣告的任何方法或屬性，都將可在子類別（也稱為衍生類別）上操作。

在這個例子中，Teacher 宣告一個 StudentTeacher 子類別的實體，並可使用的 teach 方法：

```
class Teacher {
    teach() {
        console.log("The surest test of discipline is its absence.");
    }
}

class StudentTeacher extends Teacher {
    learn() {
        console.log("I cannot afford the luxury of a closed mind.");
    }
}

const teacher = new StudentTeacher();
teacher.teach(); // 正確 (defined on base)
teacher.learn(); // 正確 (defined on subclass)

teacher.other();
//      ~~~~~
// 錯誤：型別 'StudentTeacher' 沒有屬性 'other'。
```

指派性的擴充

子類別從其基本類別繼承成員，就像衍生介面擴充基本介面一樣。子類別的實體具有基本類別的所有成員，因此基本類別實體可以在需要的任何地方使用。如果一個基本類別沒有子類別的所有成員，那麼當需要變成更具體的子類別時，就不能使用了。

例如以下 Lesson 類別無法提供衍生 OnlineLesson 類別實體的需要，但使用基本類別或子類別仍然可以滿足衍生的實體：

```
class Lesson {
    subject: string;

    constructor(subject: string) {
        this.subject = subject;
    }
}

class OnlineLesson extends Lesson {
    url: string;

    constructor(subject: string, url: string) {
        super(subject);
        this.url = url;
    }
}

let lesson: Lesson;
lesson = new Lesson("coding"); // 正確
lesson = new OnlineLesson("coding", "oreilly.com"); // 正確

let online: OnlineLesson;
online = new OnlineLesson("coding", "oreilly.com"); // 正確

online = new Lesson("coding");
// 錯誤：型別 'Lesson' 缺少屬性 'url'，但型別 'OnlineLesson' 必須有該屬性。
```

根據 TypeScript 的結構型別，如果子類別上的所有成員，都已經存在於其基本類別中，並且具有相同的型別，那麼仍然允許實體使用基本類別來代替子類別。

在此範例中，LabeledPastGrades 僅在 PastGrades 增加一個可選擇的屬性，因此可以使用基本類別來代替子類別：

```
class PastGrades {
    grades: number[] = [];
}
```

```
class LabeledPastGrades extends PastGrades {
    label?: string;
}

let subClass: LabeledPastGrades;

subClass = new LabeledPastGrades(); // 正確
subClass = new PastGrades(); // 正確
```

 在大多數實際環境中的程式碼，通常子類別位於所屬的基本類別之上，再增加所需新的型別資訊。以上的例子結果可能看起來出乎意料，但並非經常出現。

覆寫建構函數

與原生 JavaScript 一樣，TypeScript 不需要子類別來定義自己的建構函數。沒有自己子類別的建構函數，會隱含使用其基本類別的建構函數。

在 JavaScript 中，如果子類別確實宣告自己的建構函數，那麼必須透過 super 關鍵字呼叫其基本類別的建構函數。子類別建構函數可以宣告任何參數，而不管它們的基本類別需要什麼。TypeScript 的型別檢查，將確保對基本類別建構函數的呼叫及正確參數的使用。

在這個例子中，PassingAnnouncer 的建構函數正確呼叫帶有數字參數的基本建構函數，而 FailingAnnouncer 因忘記呼叫而產生型別錯誤：

```
class GradeAnnouncer {
    message: string;

    constructor(grade: number) {
        this.message = grade >= 65 ? "Maybe next time..." : "You pass!";
    }
}

class PassingAnnouncer extends GradeAnnouncer {
    constructor() {
        super(100);
    }
}

class FailingAnnouncer extends GradeAnnouncer {
    constructor() { }
 // ~~~~~~~~~~~~~~~~~
```

```
    // 錯誤：衍生類別的建構函式必須包含 'super' 呼叫。
}
```

根據 JavaScript 規則，子類別的建構函數必須在存取 this 或 super 之前，呼叫基本建構函數。如果 TypeScript 在 super() 之前看到 this 或 super 被存取，系統將報告型別錯誤。

以下 ContinuedGradesTally 類別在呼叫 super() 之前，產生在建構函數中參考了 this.grades 的錯誤：

```
class GradesTally {
    grades: number[] = [];

    addGrades(...grades: number[]) {
        this.grades.push(...grades);
        return this.grades.length;
    }
}

class ContinuedGradesTally extends GradesTally {
    constructor(previousGrades: number[]) {
        this.grades = [...previousGrades];
        // 錯誤：必須先呼叫 'super' 才能存取衍生類別中建構函式的 'this'。

        super();

        console.log("Starting with length", this.grades.length); // 正確
    }
}
```

覆寫方法

子類別可以重新宣告與基本類別相同名稱的新方法，只要子類別上的方法可以指派給基本類別。請記住，由於在使用原始類別的任何地方都可以使用子類別，因此新方法的型別必須可以代替原始方法的使用。

在此範例中，FailureCounter 的 countGrades 方法是合法的，因為與基本 GradeCounter 的 countGrades 方法具有相同的第一個參數和回傳型別。AnyFailureChecker 的 countGrades 由於回傳型別不一致而導致錯誤的產生：

```
class GradeCounter {
    countGrades(grades: string[], letter: string) {
        return grades.filter(grade => grade === letter).length;
    }
}
```

```
class FailureCounter extends GradeCounter {
    countGrades(grades: string[]) {
        return super.countGrades(grades, "F");
    }
}

class AnyFailureChecker extends GradeCounter {
    countGrades(grades: string[]) {
        // 錯誤：型別 'AnyFailureChecker' 中的屬性 'countGrades'
        // 無法指派給基底型別 'GradeCounter' 中的相同屬性。
        //    型別 '(grades: string[]) => boolean'
        //    不可指派給型別 '(grades: string[], letter: string) => number'。
        //        型別 'boolean' 不可指派給型別 'number'。
        return super.countGrades(grades, "F") !== 0;
    }
}

const counter: GradeCounter = new AnyFailureChecker();

// 預期型別：number
// 實際型別：boolean
const count = counter.countGrades(["A", "C", "F"]);
```

覆寫屬性

子類別也可以用相同的名稱，明確重新宣告其基本類別的屬性，只要新型別可以指派給基本類別上的型別。與覆寫方法一樣，子類別必須在結構上與基本類別相符。

重新宣告子類別的屬性，這樣做大多數是為了使這些屬性，成為更具體化、具有聯集型別的子集，或者使屬性成為從基本類別中所擴充的型別。

在此範例中，基本類別 Assignment 將 grade 宣告為 number | undefined，而子類別 GradedAssignment 將其宣告為必須始終存在的 number：

```
class Assignment {
    grade?: number;
}

class GradedAssignment extends Assignment {
    grade: number;

    constructor(grade: number) {
        super();
        this.grade = grade;
    }
}
```

不允許擴充屬性中聯集型別所允許的數值集合，因為這樣做會使子類別屬性無法指派給基本類別。

在此範例中，VagueGrade 的數值嘗試加入 | string，導致基本類別 NumericGrade 的 number 上的型別錯誤：

```
class NumericGrade {
    value = 0;
}

class VagueGrade extends NumericGrade {
    value = Math.random() > 0.5 ? 1 : "...";
    // 錯誤：型別 'VagueGrade' 中的屬性 'value'
    // 無法指派給基底型別 'NumericGrade' 中的相同屬性。
    //   型別 'string | number' 不可指派給型別 'number'。
    //     型別 'string' 不可指派給型別 'number'。
}

const instance: NumericGrade = new VagueGrade();

// 預期型別：number
// 實際型別：number | string
instance.value;
```

抽象類別

在專案中，有時會建立一個本身不宣告方法的實作，期望提供一個基本類別作為子類別實作的參考。將類別標記為抽象，可將 TypeScript 的 abstract 關鍵字，加在類別名稱或任何打算抽象的方法之前。那些被宣告抽象的方法，會跳過提供基本類別中實作的主體；並且與介面的宣告方式相同。

在此範例中 School 類別及其 getStudentTypes 方法被標記為 abstract。因此，它的子類別 Preschool 和 Absence 應該實作 getStudentTypes：

```
abstract class School {
    readonly name: string;

    constructor(name: string) {
        this.name = name;
    }

    abstract getStudentTypes(): string[];
}
```

```
class Preschool extends School {
    getStudentTypes() {
        return ["preschooler"];
    }
}

class Absence extends School { }
    // ~~~~~~~
    // 錯誤：抽象類別 'Absence' 未實作從類別 'School' 繼承而來的抽象成員 'getStudentTypes'。
```

抽象類別不能直接實體化，因為沒有對其實作，僅只假設可能確實存在某些方法的定義。只有非抽象類別能實體化。

繼續 School 範例，嘗試呼叫 new School 會導致 TypeScript 型別錯誤：

```
let school: School;

school = new Preschool("Sunnyside Daycare"); // 正確

school = new School("somewhere else");
// 錯誤：無法建立抽象類別的執行個體。
```

抽象類別通常用於設計類別框架階段，預先讓開發者填入類別相關細節於其中。類別可以使用型別註記，來表示數值必須遵守類別的形態——就如同前面的範例一樣 school: School——但建立新實體，必須使用子類別來完成。

成員的可見性

包括 JavaScript 都會將使用 # 作為名稱開頭的類別成員，標記為私有（private）類別成員。私有類別成員只能由該類別的實體做存取。如果類別之外的程式碼區域，試圖存取私有方法或屬性，JavaScript 執行時會透過強制拋出錯誤來實現私有的特性。

對於類別私有特性的支援，TypeScript 更早於 JavaScript，雖然 TypeScript 支援私有類別成員，但它還能夠對僅存在於型別系統中的類別方法和屬性，進行更細緻的私有定義。TypeScript 的成員可見性是透過在類別成員宣告的名稱之前，增加以下其中之一的關鍵字來完成：

public（預設）

允許任何人、任何地方存取

protected

只允許類別本身及其子類別存取

private

只允許類別本身存取

這些關鍵字僅存在於型別系統中。當程式碼編譯為 JavaScript 時，與所有其他型別語法相同，會一起被刪除。

在這裡 Base 使用 #truePrivate 宣告了兩個 public 成員，一個 protected、一個 private 和一個真正的私有成員 #truePrivate。子類別允許存取 public 和 protected 成員，但不能存取 private 或 #truePrivate：

```
class Base {
    isPublicImplicit = 0;
    public isPublicExplicit = 1;
    protected isProtected = 2;
    private isPrivate = 3;
    #truePrivate = 4;
}

class Subclass extends Base {
    examples() {
        this.isPublicImplicit; // 正確
        this.isPublicExplicit; // 正確
        this.isProtected; // 正確

        this.isPrivate;
        // 錯誤：isPrivate' 是私用屬性，只可從類別 'Base' 中存取。

        this.#truePrivate;
        // 錯誤：因為屬性 '#truePrivate' 具有私人識別碼，
        // 所以無法在類別 'Base' 外存取該屬性。
    }
}

new Subclass().isPublicImplicit; // 正確
new Subclass().isPublicExplicit; // 正確

new Subclass().isProtected;
//             ~~~~~~~~~~~
// 錯誤：'isProtected' 是受保護屬性，只可從類別 'Base' 及其子類別中存取。
```

```
new Subclass().isPrivate;
//               ~~~~~~~~~~
// 錯誤：'isPrivate' 是私用屬性，只可從類別 'Base' 中存取。
```

TypeScript 的成員可見特性與 JavaScript 真正的私有宣告之間的主要區別在於，TypeScript 僅存在於型別系統中，而 JavaScript 是持續到執行時也存在著。在 TypeScript 中，宣告 protected 或 private 的類別成員，將編譯為相同等價的 JavaScript 程式碼，就好像宣告為 public 一樣。介面、型別註記和可見性的關鍵字相同，在輸出 JavaScript 時會被刪除。只有 # 私有欄位在執行時 JavaScript 中才是真正的私有。

可見性修飾符號可以與 readonly 一起使用。要將成員宣告為 readonly 並且為可見的，那麼可見性會是第一順位被考慮的。

這裡的 TwoKeywords 類別，其 name 成員宣告為 private 和 readonly：

```
class TwoKeywords {
    private readonly name: string;

    constructor() {
        this.name = "Anne Sullivan"; // 正確
    }

    log() {
        console.log(this.name); // 正確
    }
}

const two = new TwoKeywords();

two.name = "Savitribai Phule";
 // ~~~~
 // 錯誤：'name' 是私用屬性，只可從類別 'TwoKeywords' 中存取。
 // ~~~~
 // 錯誤：因為 'name' 為唯讀屬性，所以無法指派至 'name'。
```

請注意，TypeScript 不允許將舊有成員的可見性關鍵字與 JavaScript 的新 # 私有欄位混合使用。預設情況下，私有欄位始終是私有的，因此無須額外使用 private 關鍵字對其進行標記。

靜態欄位修飾符號

JavaScript 允許在類別本身（而非實體），使用 static 關鍵字宣告成員。TypeScript 支援單獨使用 static 或 readonly 和可見性關鍵字。組合時，會先考慮字首先出現可見性關鍵字，然後是 static，然後是 readonly。

這個 HasStatic 類別將它們放在一起，標註 static 的 prompt 和 answer 屬性，使其既 readonly 且 protected：

```
class Question {
    protected static readonly answer: "bash";
    protected static readonly prompt =
        "What's an ogre's favorite programming language?";

    guess(getAnswer: (prompt: string) => string) {
        const answer = getAnswer(Question.prompt);

        // 正確
        if (answer === Question.answer) {
            console.log("You got it!");
        } else {
            console.log("Try again...")
        }
    }
}

Question.answer;
//        ~~~~~~
// 錯誤：'answer' 是受保護屬性，只可從類別 'Question' 及其子類別中存取。
```

對於靜態類別欄位，使用唯讀或可見性修飾符號加以限制，有助於避免這些欄位被其他外部類別存取或修改。

總結

本章介紹大量關於類別在型別系統中的特性和語法：

- 宣告和使用類別方法和屬性
- 將屬性標記為 readonly 和可選擇的
- 使用類別名稱作為型別註記中的型別
- 介面的實作以強制類別實體形態

- 擴充類別對於子類別的可指派性和涵蓋規則的影響

- 如何標記抽象類別和方法

- 在類別欄位增加型別系統的修飾符號

 現在我們已經閱讀完本章，在 *https://learningtypescript.com/classes* 上，練習所學到的內容。

為何物件導向的程式開發人員總是穿著西裝？
因為他們很古典。

第九章

型別修飾符號

> 型別的型別來自型別
> 「一直以來都這樣的無限重複著」
> *Anders* 總是喜歡這樣說

到目前為止,我們已經閱讀許多有關在 TypeScript 型別系統中,是如何與現有 JavaScript 結構(如陣列、類別和物件)的所有內容一起運作。在第 10 章「泛型」,將更深入介紹型別系統本身,並專注於撰寫出更精確型別的特性,以及基於其他型別的型別。

上層型別

在第 4 章「物件」中,提到了底限型別(*bottom type*)的概念,用來描述一種不可能的數值且無法存取的型別。照常理來說,相反的情況也可能存在於型別理論之中。確實如此!

上層型別(*top type*)或泛型型別,是一種可以表示系統中任何可能值的型別。可以將所有其他型別的數值提供上層型別。換句話說,所有型別都可以指派給上層型別。

再論 any

any 型別可以充當上層型別,因為任何型別都可以提供給 any 型別。當某個位置上允許接受任何型別的資料時,通常使用到 any,例如 console.log 的參數:

```
let anyValue: any;
anyValue = "Lucille Ball"; // 正確
anyValue = 123; // 正確

console.log(anyValue); // 正確
```

any 的問題在於明確告訴 TypeScript，不要對該數值的可指派性或成員執行型別檢查。如果我們想快速繞過 TypeScript 的型別檢查，那麼缺乏安全性是可以考慮的方式之一，但是禁止使用型別檢查，會降低 TypeScript 對該數值在使用上的確認。

例如下面的 name.toUpperCase() 呼叫肯定會當機，但是因為 name 被宣告為 any，TypeScript 不會回報型別錯誤：

```typescript
function greetComedian(name: any) {
    // 沒有型別錯誤
    console.log(`Announcing ${name.toUpperCase()}!`);
}

greetComedian({ name: "Bea Arthur" });
    // 執行時期錯誤：name.toUpperCase 並不是一個函數
```

如果我們想表明一個數值可以是任何東西，那麼使用 unknown 型別會更安全。

unknown

unknown 型別是 TypeScript 中真正的上層型別。unknown 與 any 很類似，因為所有物件都可以傳遞給型別為 unknown 的位置。與 unknown 的主要區別，在於 TypeScript 對 unknown 型別的數值有更多的限制：

- TypeScript 不允許直接存取 unknown 型別數值的屬性。

- unknown 不能指派給不是上層型別（any 或 unknown）的型別。

嘗試存取 unknown 型別數值的屬性，如以下程式碼所示，將導致 TypeScript 回報型別錯誤：

```typescript
function greetComedian(name: unknown) {
    console.log(`Announcing ${name.toUpperCase()}!`);
    //                         ~~~~
    // 錯誤：'name' 的型別為 'unknown'。
}
```

透過窄化數值的型別，是 TypeScript 允許程式碼存取型別為 unknown 的成員的唯一方法，例如使用 instanceof 或 typeof，或使用型別斷言。

程式碼例子中，使用 typeof 將 name 從 unknown 窄化為 string：

```typescript
function greetComedianSafety(name: unknown) {
    if (typeof value === "string") {
        console.log(`Announcing ${name.toUpperCase()}!`); // 正確
    } else {
```

```
        console.log("Well, I'm off.");
    }
}

greetComedianSafety("Betty White"); // 顯示「Announcing BETTY WHITE!」
greetComedianSafety({}); // 顯示「Well, I'm off.」
```

這兩個限制，使得 unknown 成為比 any 型別還更為安全的型別。如果可能，我們應該更常使用 unknown 而不是 any。

型別敘述

之前我們已經說明如何使用 JavaScript 構造（例如 instanceof 和 typeof）來窄化型別。這對於直接使用一組有限集合的檢查來說很好，但是如果使用一個函數邏輯來包裝，就會失去某種描述意義。

例如這個 isNumberOrString 函數接受一個數值，並回傳一個 boolean 數值，表示該數值是 number 還是 string。人類可以推斷 if 語句中的數值，因此必須是這兩種型別之一，因為 isNumberOrString(value) 回傳 true，但在 TypeScript 環境中並非如此。它所知道的只是 isNumberOrString 回傳一個 boolean 數值──並非意指它是為了窄化參數的型別：

```
function isNumberOrString(value: unknown) {
    return ['number', 'string'].includes(typeof value);
}

function logValueIfExists(value: number | string | null | undefined) {
    if (isNumberOrString(value)) {
        // value 的型別 : number | string | null | undefined
        value.toString();
        // 錯誤 : 'value' 可能為 null 或 undefined。
    } else {
        console.log("Value does not exist:", value);
    }
}
```

對於回傳 boolean 數值的函數，TypeScript 有一種特殊的語法，用於表示參數是否為特定型別。這稱為*型別敘述*（*type predicate*），有時也稱為「使用者定義的型別防護」：當開發人員正在建立自己的型別防護，類似於 instanceof 或 typeof。型別敘述，通常用於判斷傳入的參數是否是更具體的參數型別。

回傳型別的敘述，可以使用參數名稱加上 is 關鍵字和某些型別來宣告：

```
function typePredicate(input: WideType): input is NarrowType;
```

我們可以將前面範例加入輔助性質的敘述，把函數修改為具有回傳型別，並明確宣告 value 是 number | string。後面的程式碼中，TypeScript 能夠在推斷出，當 value 為 number | string 型別時，才回傳為 true。此外，只有在 value 為 number | string 時才可存取；若為 false，則 value 必然具有 null | undefined 型別：

```
function isNumberOrString(value: unknown): value is number | string {
    return ['number', 'string'].includes(typeof value);
}

function logValueIfExists(value: number | string | null | undefined) {
    if (isNumberOrString(value)) {
        // value 的型別 : number | string
        value.toString(); // Ok
    } else {
        // value 的型別 : null | undefined
        console.log("value does not exist:", value);
    }
}
```

可以將型別敘述，視為不僅回傳 boolean 數值，而且還表達參數更具體的型別。

型別敘述通常用於檢查已知是一個介面實體的物件，是否能夠表示成為更具體的介面實體。

在這裡 StandupComedian 介面包含關於 Comedian 的額外資訊。isStandupComedian 型別保護可用來檢查一般 Comedian，是否是明確的 StandupComedian：

```
interface Comedian {
    funny: boolean;
}

interface StandupComedian extends Comedian {
    routine: string;
}

function isStandupComedian(value: Comedian): value is StandupComedian {
    return 'routine' in value;
}

function workWithComedian(value: Comedian) {
    if (isStandupComedian(value)) {
        // value 的型別 : StandupComedian
```

```
        console.log(value.routine); // 正確
    }

    // value 的型別：Comedian
    console.log(value.routine);
    //                  ~~~~~~~
    // 錯誤：型別 'Comedian' 沒有屬性 'routine'。
}
```

要注意的是，因為型別敘述在錯誤情況下也會窄化型別，如果型別敘述檢查的不僅僅是其輸入的型別，而且還可能會得到令人訝異的結果。

如果輸入參數 undefined 或長度小於 7 的 string 時，isLongString 型別敘述回傳 false。結果導致 else 語句會將 text 視為一定是 undefined 型別而被窄化：

```
function isLongString(input: string | undefined): input is string {
    return !!(input && input.length >= 7);
}

function workWithText(text: string | undefined) {
    if (isLongString(text)) {
        // text 的型別：string
        console.log("Long text:", text.length);
    } else {
        // text 的型別：undefined
        console.log("Short text:", text?.length);
        //                          ~~~~~~
        // 錯誤：型別 'never' 沒有屬性 'length'。
    }
}
```

驗證屬性或數值很容易讓型別敘述被誤用。通常建議盡可能避免使用它們。對於大多數情況，簡單的型別敘述就足夠了。

型別運算符號

並非所有型別都只用關鍵字或現有型別的名稱來表示。有時可能需要建立一個將兩者結合起來的新型別，對現有型別的屬性執行某些轉換。

keyof

JavaScript 物件可以使用動態數值讀取成員，這些索引值通常（但不一定）是 `string` 型別。在型別系統中表示這些鍵值可能不好處理。使用諸如 `string` 之類的包羅萬象原始型別，將造成容器的鍵值無效。

這就是為什麼 TypeScript 在使用更嚴格的設定（在第 13 章「配置設定選項」中介紹）時，將在 `rating[key]` 上回報錯誤，如下一個範例所看到的。型別 `string` 作為 `Ratings` 介面上的屬性是合法但卻不被允許，並且 `Ratings` 沒有任何以 `string` 宣告鍵值的索引特徵：

```
interface Ratings {
    audience: number;
    critics: number;
}

function getRating(ratings: Ratings, key: string): number {
    return ratings[key];
    //     ~~~~~~~~~~~
    // 錯誤：因為 'string' 型別的運算式無法用於索引型別 'Ratings'，
    // 所以項目隱含 'any' 型別。
    //    在型別 'Ratings' 中找不到任何具有 'string' 型別之參數的索引特徵。
}

const ratings: Ratings = { audience: 66, critic: 84 };

getRating(ratings, 'audience'); // 正確

getRating(ratings, 'not valid'); // 正確，但不應該
```

另一種選擇是對允許的鍵值使用字面文字聯集。這將更準確限制僅存在於容器上的鍵值：

```
function getRating(ratings: Ratings, key: 'audience' | 'critic'): number {
    return ratings[key]; // 正確
}

const ratings: Ratings = { audience: 66, critic: 84 };

getRating(ratings, 'audience'); // 正確

getRating(ratings, 'not valid');
//                 ~~~~~~~~~~~
// 錯誤：型別 '"not valid"' 的引數不可指派給型別 '"audience" | "critic"' 的參數。
```

但是如果介面有幾十個或更多的成員怎麼辦？我們必須將每個成員的鍵值輸入聯集型別，並保持最新狀態。這樣會很痛苦。

TypeScript 提供一個 keyof 運算符號，將接受現有型別，並回傳該型別允許所有鍵值的聯集。將它放在任何可能使用型別名稱的前面，例如型別註記。

這裡 keyof Ratings 相當於 'audience' | 'critic'，但所需要打字的時間比較少，並且如果評估介面發生變化，也不需要手動更新：

```
function getCountKeyof(ratings: Ratings, key: keyof Ratings): number {
    return ratings[key]; // 正確
}

const ratings: Ratings = { audience: 66, critic: 84 };

getCountKeyof(ratings, 'audience'); // 正確

getCountKeyof(ratings, 'not valid');
//                     ~~~~~~~~~~~
// 錯誤：型別 '"not valid"' 的引數不可指派給型別 'keyof Ratings' 的參數。
```

keyof 是一個很棒的功能，可以根據現有型別的鍵值來建立聯集型別。它還可以與 TypeScript 其他型別運算符號妥善的結合在一起，我們在第 15 章「型別操作」中，可以看到一些非常漂亮的模式。

typeof

TypeScript 提供另一個型別運算符號是 typeof。它回傳數值的型別。如果手動編輯數值的型別會非常複雜，因此這變得相當常用。

在這裡 adaptation 變數宣告如同 original 變數具有相同的型別：

```
const original = {
    medium: "movie",
    title: "Mean Girls",
};

let adaptation: typeof original;

if (Math.random() > 0.5) {
    adaptation = { ...original, medium: "play" }; // 正確
} else {
    adaptation = { ...original, medium: 2 };
    //                          ~~~~~~
    // 錯誤：型別 'number' 不可指派給型別 'string'。
}
```

儘管 typeof*type* 運算符號，在視覺上看起來像用於執行時期（*runtime*）typeof 相似，都回傳一個字串數值型別的描述，但兩者是不同的。只是他們巧合使用了同一個字。記住：JavaScript 運算符號是一個執行時運算符號，它回傳型別的字串名稱。TypeScript 版本，因為是型別運算符號，所以只能在型別系統中使用，不會出現在編譯的程式碼中。

keyof typeof

typeof 是針對索引數值的型別，而 keyof 是針對索引型別上允許的鍵值。TypeScript 允許將兩個關鍵字連在一起，以簡潔化索引鍵值的表達方式。將它們放在一起，typeof 型別運算符號對於處理 keyof 型別操作變得非常有用。

在此範例中，logRating 函數目的在取得 ratings 的鍵值之一。程式碼沒有建立介面，而是使用 keyof typeof 來表示 key 必須是 ratings 型別中的一個鍵值：

```
const ratings = {
    imdb: 8.4,
    metacritic: 82,
};

function logRating(key: keyof typeof ratings) {
    console.log(ratings[key]);
}

logRating("imdb"); // 正確

logRating("invalid");
//         ~~~~~~~~~
// 錯誤：型別 '"invalid"' 的引數不可指派給型別 '"imdb" | "metacritic"' 的參數。
```

利用結合 keyof 和 typeof，我們可以省下更新修改型別的痛苦，這些鍵值型別明確表示物件介面可使用哪些型別。

型別斷言

當我們的程式碼是「強型別」時，對 TypeScript 而言效果最好：程式碼中所有數值，都具有明確已知的型別。諸如上層型別和型別防護之類的功能，都是為了將複雜的程式碼得以處理後，提供 TypeScript 做型別分析檢查的方法。然而，有時仍不可能 100% 準確告知型別系統，我們的程式碼是如何工作。

例如，JSON.parse 試圖回傳 any 上層型別。沒有辦法妥善安全通知型別系統，讓 JSON. parse 接收特定字串數值後，回傳某個特定型別。（將在第 10 章「泛型」中看到，加入一個只用於解析一次性回傳的泛型型別，這將違反泛型的黃金法則（The Golden Rule of Generics）的最佳例子。）

TypeScript 提供了一種語法系統：「型別斷言」（type assertion）也稱為「型別轉換」（type cast），用於涵蓋對於數值型別的解析。我們將 as 關鍵字放在一個型別之後，用來表達在一個數值上有著不同的型別。TypeScript 將遵循設定的斷言，並將數值視為該型別。

在此程式碼中，JSON.parse 回傳的結果可能是 string[]、[string, string] 或 ["grace", "frankie"] 之類的型別。這三段程式碼使用型別斷言，將型別從 any 切換到其中一種：

```
const rawData = `["grace", "frankie"]`;

// 型別：any
JSON.parse(rawData);

// 型別：string[]
JSON.parse(rawData) as string[];

// 型別：[string, string]
JSON.parse(rawData) as [string, string];

// 型別：["grace", "frankie"]
JSON.parse(rawData) as ["grace", "frankie"];
```

型別斷言僅存在於 TypeScript 型別系統中，在編譯成 JavaScript 時，與所有其他型別系統語法一起被刪除。而且程式碼在編譯成 JavaScript 後看起來像這樣：

```
const rawData = `["grace", "frankie"]`;

// 型別：any
JSON.parse(rawData);

// 型別：string[]
JSON.parse(rawData);

// 型別：[string, string]
JSON.parse(rawData);

// 型別：["grace", "frankie"]
JSON.parse(rawData);
```

如果我們正在使用舊有的程式庫或程式碼，可能會看到不同的轉換語法，看起來像 <type>item 而不是作為 item as type。由於此語法與 JSX 語法不相容，因此不適合用於 *.tsx* 檔案，因此建議不要使用。

最好的方式通常是建議盡可能避免使用型別斷言。理想狀況下，我們的程式碼最好都已經完全型別化，並且不需要使用斷言干擾 TypeScript 對其型別做分析。但偶爾仍會有型別斷言使用時機，甚至是必要的情況。

捕捉型別斷言的錯誤

錯誤處理是型別斷言可能派上用場的一個地方。通常我們不可能知道 catch 中捕捉到的錯誤是什麼型別，因為在 try 程式碼段落中，可能會意外拋出任何與預期不同的物件。此外，儘管 JavaScript 最好的作法是始終拋出 Error 類別的實體，但某些專案會拋出文字字串或其他令人意外的數值。

如果我們確信某個程式碼區域只會拋出 Error 類別的實體時，則可以使用型別斷言，將捕捉到的斷言視為錯誤。此段程式碼存取 error 的 message 屬性，並且假定是 Error 類別的一個實體：

```
try {
    // (這裡的程式也許會丟出例外錯誤)
} catch (error) {
    console.warn("Oh no!", (error as Error).message);
}
```

通常會使用一種型別窄化形式（例如 instanceof）來檢查，確保拋出的錯誤是預期的錯誤型別，如此會更加安全。此段程式碼會檢查拋出的錯誤是否是 Error 類別的實體，藉以分析是記錄錯誤的訊息還是錯誤的物件本身：

```
try {
    // (這裡的程式也許會丟出例外錯誤)
} catch (error) {
    console.warn("Oh no!", error instanceof Error ? error.message : error);
}
```

非 Null 斷言

若僅從理論上來說，使用型別斷言的另一個常見例子，是將可能包含 null 或 defined 的變數從中剔除。這種情況時常見到，以至於 TypeScript 產生它的簡寫。我們可以使用 ! 表示同一件事。換句話說，加上 ! 非 null 的斷言型別，意指變數不為 null 或 undefined。

以下兩種型別斷言是相同的，因為它們都保證 Date 而不是 Date | undefined：

```
// 推斷型別為：Date | undefined
let maybeDate = Math.random() > 0.5
    ? undefined
    : new Date();

// 型別斷言為：Date
maybeDate as Date;

// 型別斷言為：Date
maybeDate!;
```

非 null 斷言對於 Map.get 等 API 相當有用，表示它回傳一個數值，如果不存在則回傳 undefined。

這裡 seasonCounts 是一個泛型的 Map<string, number>。我們知道它包含一個「I Love Lucy」鍵值，因此 knownValue 變數，可以使用 ! 刪除 | undefined 的型別：

```
const seasonCounts = new Map([
    ["I Love Lucy", 6],
    ["The Golden Girls", 7],
]);

// 型別：string | undefined
const maybeValue = seasonCounts.get("I Love Lucy");

console.log(maybeValue.toUpperCase());
//          ~~~~~~~~~~
// 錯誤：物件可能是 'undefined'

// 型別：string
const knownValue = seasonCounts.get("I Love Lucy")!;

console.log(knownValue.toUpperCase()); // 正確
```

型別斷言注意事項

與任何型別一樣，型別斷言是 TypeScript 型別系統的必要逃生出口。因此與 any 型別一樣，應盡可能避免使用它們。用更準確的型別來表示程式碼，通常比斷言數值的型別的結果來得更好。這些斷言往往是錯誤的——在撰寫本書時已是如此，並且隨著程式碼的變化，後來反而更容易錯誤。

例如範例，假設 seasonCounts 隨著時間的變化，以在地圖中具有不同的數值。它的非 null 斷言仍然可能使程式碼逃過 TypeScript 型別檢查，造成執行時出現錯誤：

```
const seasonCounts = new Map([
    ["Broad City", 5],
    ["Community", 6],
]);

// 型別：string
const knownValue = seasonCounts.get("I Love Lucy")!;

console.log(knownValue.toUpperCase()); // 沒有型別錯誤，但 ...
// 執行時期 TypeError：無法讀取 undefined 的 'toUpperCase' 屬性
```

型別斷言通常需要謹慎使用，並且只有在我們確保這樣做是絕對安全的時候。

斷言與宣告

使用型別註記來宣告變數的型別，與使用型別斷言來修改具有初始變數數值的型別，兩者是有區別的。TypeScript 的型別檢查會根據變數的型別註記，對變數的初始值執行可指派性檢查（如果兩者都存在）。然而，型別斷言明確告知 TypeScript 跳過某些型別檢查。

以下建立兩個具有相同缺陷的程式碼，遺失 acts 成員屬性的 Entertainer 型別物件。TypeScript 能夠在 declared 變數時捕捉錯誤，因為有 : Entertainer 型別註記。由於型別斷言，無法捕捉 asserted 變數的錯誤：

```
interface Entertainer {
    acts: string[];
    name: string;
}

const declared: Entertainer = {
    name: "Moms Mabley",
};
// 錯誤：型別 '{ name: string; }' 缺少屬性 'acts'，
// 但型別 'Entertainer' 必須有該屬性。

const asserted = {
    name: "Moms Mabley",
} as Entertainer; // 正確，但 ...

// 以下兩個語句在執行時將會失敗：
// 執行時期 TypeError：無法讀取未定義的屬性 ('join')
console.log(declared.acts.join(", "));
console.log(asserted.acts.join(", "));
```

因此，強烈建議使用型別註記或讓 TypeScript 從變數的初始數值推斷變數的型別。

斷言可指派性

對於某些數值的型別稍微不正確的情況,型別斷言只是一個小的逃生出口。如果其中一種型別可指派給另一種型別,TypeScript 只允許兩種型別斷言之間的指派。如果型別斷言介於兩種完全不相關的型別,那麼 TypeScript 會注意到並回報型別錯誤。

例如,不允許從一個基本型別切換到另一個,因為基本型別之間沒有任何關係:

```
let myValue = "Stella!" as number;
//                        ~~~~~~~~~~~~~~~~~~~
// 錯誤:將型別 'string' 轉換為型別 'number' 可能會發生錯誤,
// 原因是這兩個型別彼此並未充分重疊。如果是有意轉換的,
// 請先將運算式轉換為 'unknown'。
```

如果我們絕對需要將數值從一種型別切換到完全不相關的型別,則可以使用雙型別斷言。首先將數值轉換為上層型別(any 或 unknown),然後將該結果轉換為不相關的型別:

```
let myValueDouble = "1337" as unknown as number; // 正確,但...
```

as unknown as... 雙型別斷言是具有危險的,並且幾乎總是表示附近的程式碼在型別認定上帶有某種不正確性。將它們作為跳離型別系統的一種途徑,意味著會對鄰近的程式碼將產生一些變化進而導致出現問題,但型別系統可能無法拯救我們。作者在這邊講解雙重型別斷言,目的只是為了幫助解釋型別系統,而不是鼓勵使用它們。

常數斷言

在第 4 章「物件」中,曾介紹一種 as const 語法,可用於將可變陣列型別修改為唯讀元組型別,並提到在本書後面將會多加使用。那就是現在!

常數斷言通常用於表示任何數值 —— 陣列、原始數值、數值 —— 被視為其自身的常數、不可變的數值。具體來說,因為 as const 將以下三個規則,套用在它接收的任何型別上:

- 陣列會被視為 readonly 元組,是不可變陣列
- 字串被視為文字,與它們的一般原始型別不相同
- 物件的屬性會被認為是 readonly

我們已經看到陣列變成元組,就像這個陣列會被視為元組一樣:

```
// 型別：(number | string)[]
[0, ''];

// 型別：readonly [0, '']
[0, ''] as const;
```

讓我們深入討論 as const 產生的另外兩個變化。

原始型別的文字

型別系統將文字數值解析為特定文字，而非將其擴充到其一般原始型別。

例如，類似函數回傳元組的方式，利用函數產生特定的已知文字，用來取代一般原始型別。還可以讓這些函數回傳更具體的數值。例子中 getNameConst 的回傳型別是較為明確的「Maria Bamford」，而不是一般的 string：

```
// 型別：() => string
const getName = () => "Maria Bamford";

// 型別：() => "Maria Bamford"
const getNameConst = () => "Maria Bamford" as const;
```

讓數值上的特定欄位，成為更具體明確的文字，也很有幫助。許多流行的程式庫要求判別欄位上的數值需具有特定的文字，以便它們的程式碼型別可以更精確地對數值進行推斷。以下 narrowJoke 變數的 style 是「one-liner」而不是 string，因此可以在其他位置上提供 Joke：

```
interface Joke {
    quote: string;
    style: "story" | "one-liner";
}

function tellJoke(joke: Joke) {
    if (joke.style === "one-liner") {
        console.log(joke.quote);
    } else {
        console.log(joke.quote.split("\n"));
    }
}

// 型別：{ quote: string; style: "one-liner" }
const narrowJoke = {
    quote: "If you stay alive for no other reason do it for spite.",
    style: "one-liner" as const,
};
```

```
tellJoke(narrowJoke); // Ok

// 型別 : { quote: string; style: string }
const wideObject = {
    quote: "Time flies when you are anxious!",
    style: "one-liner",
};

tellJoke(wideObject);
// 錯誤 : 型別 '{ quote: string; style: string; }' 的引數不可指派給型別 'Joke' 的參數。
//       屬性 'style' 的型別不相容。
//         型別 'string' 不可指派給型別 '"story" | "one-liner"'。
```

唯讀物件

物件字面結構通常會擴大屬性的型別，就像讓初始變數可接受較為廣泛的數值一樣。諸如「apple」之類的字串數值變成 string 類別的原始型別，亦或是陣列被輸入成為元組，等等。當這些數值中，某些可能打算稍後在需要的地方，以特定字面型別來使用時，將會遇到一些狀況。

然而，使用 as const 斷言將會把數值文字所推斷的型別，為盡可能明確化。所有成員屬性都變成 readonly，文字被認為是它們自己的字面型別，而非一般的原始型別，陣列變成唯讀元組，等等。換句話說，將常數斷言應用於文字數值，使得該文字數值不可變，並將相同的常數斷言邏輯遞迴套用於其他所有成員。

例如接下來的 preferencesMutable 數值，被宣告為沒有 as const，因此它的名稱是原始型別 string，並且允許修改。然而 favoritesConst 是用 as const 宣告的，所以它的成員數值是字面文字，不允許修改：

```
function describePreference(preference: "maybe" | "no" | "yes") {
    switch (preference) {
        case "maybe":
            return "I suppose...";
        case "no":
            return "No thanks.";
        case "yes":
            return "Yes please!";
    }
}

// 型別 : { movie: string, standup: string }
const preferencesMutable = {
    movie: "maybe"
```

```
        standup: "yes",
};

describePreference(preferencesMutable.movie);
//                   ~~~~~~~~~~~~~~~~~~~~~~~~
// 錯誤：型別 'string' 的引數不可指派給型別 '"maybe" | "no" | "yes"' 的參數。

preferencesMutable.movie = "no"; // 正確

// 型別：readonly { readonly movie: "maybe", readonly standup: "yes" }
const preferencesReadonly = {
    movie: "maybe"
    standup: "yes",
} as const;

describePreference(preferencesReadonly.movie); // 正確

preferencesReadonly.movie = "no";
//                  ~~~~~
// 錯誤：因為 'movie' 為唯讀屬性，所以無法指派至 'movie'。
```

總結

在本章中，我們使用型別修飾符號來取得現有物件或型別，並將它們轉換為新型別：

- 上層型別：高度寬容的 any 和高度限制的 unknown
- 型別運算符號：使用 keyof 來取得鍵值的型別、typeof 來取得數值的型別
- 說明型別斷言的使用時機，來調整一個數值在型別上的些微改變
- 使用 as const 斷言來窄化型別

現在我們已經閱讀完本章，在 *https://learningtypescript.com/type-modifiers* 上，練習所學到的內容。

為什麼字面型別很頑固？
它心胸狹窄。

第十章

泛型

多變的你
在型別系統中該如何定義？
透過鍵盤（打）造出一個全新的世界！

到目前為止，我們瞭解的所有型別語法，都適用於在撰寫程式時，完全已知的型別。然而，有時一段程式碼可能會根據它的呼叫方式來處理各種不同的型別。

例如這個 identity 函數，含有接收任何可能型別的輸入，並回傳相同的輸入作為輸出。我們會如何描述它的參數型別和回傳型別？

```
function identity(input) {
    return input;
}

identity("abc");
identity(123);
identity({ quote: "I think your self emerges more clearly over time." });
```

我們可以將 input 宣告為 any，而函數的回傳型別也可以是 any：

```
function identity(input: any) {
    return input;
}

let value = identity(42); // value 的型別：any
```

有鑑於 input 是允許任何輸入，需要一種方式來說明 input 型別與函數回傳的型別，兩者之間存在的關係。TypeScript 使用泛型（*generics*）來抓住型別之間的關係。

在 TypeScript 中，諸如函數之類的結構，可以宣告任意數量的**泛型參數**（*generic type parameter*）：用來確保每次使用泛型結構的型別。這些作為建構的參數型別，表示在建構每個實體中，可能有某些參數會出現不同的型別。

我們可以為每個建構實體的參數，提供不同型別，稱為**引數型別**（*type argument*），但在實體中將保持一致性。引數型別通常依照單字母名稱來表示，如 T、U 或駝峰式命名（PascalCase）方式，如 Key 和 Value。在本章介紹的所有結構中，泛型可以使用 <、> 括號宣告，例如 someFunction<T>、SomeInterface<T>。

泛型函數

可以透過將參數型別的別名放在角引號（角括號）中，緊接在參數的小括號之前，使得函數成為泛型。然後，該參數將可用於註記參數型別、回傳型別和函數本體的型別註記。

以下例子中 identity 為其輸入參數宣告了一個參數型別 T，這讓 TypeScript 推斷函數的回傳型別是 T。然後就可以在每次呼叫 identity 時為 T 推斷不同的型別：

```
function identity<T>(input: T) {
    return input;
}

const numeric = identity("me"); // 型別 : "me"
const stringy = identity(123); // 型別 : 123
```

箭頭函數也可以泛型化。它們的泛型宣告也緊接在 (的參數清單之前。

下面的箭頭函數在功能上與前面的宣告相同：

```
const identity = <T>(input: T) => input;

identity(123); // 型別 : 123
```

 一般箭頭函數的語法，在 .tsx 檔案中有一些限制，因為它與 JSX 有語法衝突。相關變通方法以及 JSX 配置設定和 React 的支援，請參考第 13 章「配置設定選項」。

以這種方式將函數添加參數型別，允許它們被不同的輸入重複使用，同時仍然保持型別安全，並避免 any 型別。

明確的泛型呼叫型別

大多數時候在呼叫泛型函數時，TypeScript 將能夠根據函數的呼叫方式推斷型別。例如前面範例的 identity 函數中，TypeScript 在做型別檢查時，依據我們所提供給 identity 的參數，做為推斷相對應函數的引數型別。

不幸的是，與類別成員和變數型別一樣，有時函數呼叫中沒有足夠的資訊來告知 TypeScript 其參數型別應該如何解析。而且通常還會發生其他的情況，例如泛型結構中提供另一個未知引數型別的泛型構造。

TypeScript 將無法推斷的任何引數型別，預設假定 unknown 型別。

例如以下 logWrapper 函數接收一個參數，其型別為 logWrapper 的參數型別 Input 的回呼函數。如果使用明確宣告其參數型別，在呼叫 logWrapper 回呼函數時，TypeScript 可以推斷引數型別。但是，如果參數型別是不明確的，TypeScript 無法得知 Input 應該是什麼：

```
function logWrapper<Input>(callback: (input: Input) => void) {
    return (input: Input) => {
        console.log("Input:", input);
        callback(input);
    };
}

// 型別 : (input: string) => void
logWrapper((input: string) => {
    console.log(input.length);
});

// 型別 : (input: unknown) => void
logWrapper((input) => {
    console.log(input.length);
    //                ~~~~~~
    // 錯誤 : 'unknown' 型別不存在 'length' 屬性。
});
```

為了避免預設為 unknown，可使用明確的泛型引數來呼叫函數，該引數型別明確告訴 TypeScript 引數應該是什麼型別。TypeScript 將對泛型呼叫執行型別檢查，以確保輸入的引數與參數型別所提供的資訊相符。

在這裡，之前看到的 logWrapper 為其 Input 泛型提供了一個明確 string。然後 TypeScript 可以推斷出泛型 input 的回呼函數，其輸入參數解析為 string 型別：

```
// 型別：(input: string) => void
logWrapper<string>((input) => {
    console.log(input.length);
});

logWrapper<string>((input: boolean) => {
    //                ~~~~~~~~~~~~~~~~~~~~~~~
    // 錯誤：型別 '(input: boolean) => void' 的引數
    // 不可指派給型別 '(input: string) => void' 的參數。
    //    參數 'input' 和 'input' 的型別不相容。
    //       型別 'string' 不可指派給型別 'boolean'。
});
```

就像變數上的明確型別註記一樣，總是在泛型函數上明確指定可能引數型別，但通常不是必要的。許多 TypeScript 開發人員往往只在需要使用時指定它們。

以下 logWrapper 用法很明確將 string 指定引數型別以及函數參數的型別。任何一個都可以移除：

```
// 型別：(input: string) => void
logWrapper<string>((input: string) => { /* ... */ });
```

用於指定引數型別的 Name<Type> 語法，將在本章中所用到的其他泛型構造相同。

多個函數參數型別

函數可以定義任意數量的參數型別，使用逗號分隔。泛型函數的每次呼叫都可以替每個參數解析其自己數值的型別。

在此範例中 makeTuple 宣告了兩個參數型別，並回傳一個唯讀元組型別的數值，一個接著一個：

```
function makeTuple<First, Second>(first: First, second: Second) {
    return [first, second] as const;
}

let tuple = makeTuple(true, "abc"); // value 的型別是唯讀：[boolean, string]
```

請注意，如果一個函數宣告多個參數型別，則對該函數的呼叫必須明確宣告任何所有泛型型別。TypeScript 還不支援泛型呼叫的型別推斷。

這裡 makePair 還接受兩個參數型別，因此必須明確指定它們中的其中一個或全部：

```
function makePair<Key, Value>(key: Key, value: Value) {
    return { key, value };
}

// 正確：也沒有提供引數型別
makePair("abc", 123); // 型別：{ key: string; value: number }

// 正確：兩者皆有提供引數型別
makePair<string, number>("abc", 123); // 型別：{ key: string; value: number }
makePair<"abc", 123>("abc", 123); // 型別：{ key: "abc"; value: 123 }

makePair<string>("abc", 123);
//        ~~~~~~
// 錯誤：有 2 個引數型別，但得到 1 個。
```

盡量不要在任何泛型構造中，使用超過一至兩種參數型別。與執行時的函數參數一樣，使用的越多，閱讀和理解程式碼就變得越困難。

泛型介面

介面也可以宣告為泛型。它們仍遵循與函數類似的泛型規則：可以在其名稱後的 < 與 > 之間宣告任意數量的參數型別。泛型型別宣告完成後，可以在它的其他地方使用，例如在成員型別上。

下面例子中的 Box 宣告，有一個屬性的 T 參數型別。建立一個宣告為帶有型別 Box 引數的物件，並且需強制符合 inside: T 屬性引數型別：

```
interface Box<T> {
    inside: T;
}

let stringyBox: Box<string> = {
    inside: "abc",
};

let numberBox: Box<number> = {
    inside: 123,
}

let incorrectBox: Box<number> = {
    inside: false,
    // 錯誤：型別 'boolean' 不可指派給型別 'number'。
}
```

這邊有個冷知識：內建的 Array 方法在 TypeScript 中，定義為泛型介面！使用參數型別 T 的 Array，用來表示儲存在陣列中的資料型別。它的 pop、push 方法大致如下：

```
interface Array<T> {
    // ...

    /**
     * 從陣列中刪除最後一個元素並回傳它。
     * 如果陣列為空，則回傳 undefined，不修改陣列。
     */
    pop(): T | undefined;

    /**
     * 將新元素附加到陣列末尾，並回傳陣列的新長度。
     * @param items 要增加到陣列的新元素。
     */
    push(...items: T[]): number;

    // ...
}
```

推斷泛型介面的型別

與泛型函數一樣，泛型介面引數型別可以從使用的過程中推斷出來。TypeScript 將盡可能採用從宣告時的位置，泛型所用的型別，由數值來提供推斷引數型別。

以下 getLast 函數宣告一個參數型別 Value，然後對其中的 node 參數進行操作。然後 TypeScript 可以根據引數傳入的任何數值之型別來推斷數值。當推斷的參數型別與數值 與型別不符合時，可以回報型別錯誤。而 getLast 提供不包含 next 的物件，並推斷具有 相同型別 Value 參數的物件，這是被允許的。但是，提供的物件中 value 和 next.value 並不相符，是一個型別錯誤：

```
interface LinkedNode<Value> {
    next?: LinkedNode<Value>;
    value: Value;
}

function getLast<Value>(node: LinkedNode<Value>): Value {
    return node.next ? getLast(node.next) : node.value;
}

// 推斷 value 引數型別：Date
let lastDate = getLast({
    value: new Date("09-13-1993"),
});
```

```
// 推斷 value 引數型別：string
let lastFruit = getLast({
    next: {
        value: "banana",
    },
    value: "apple",
});

// 推斷 value 引數型別：number
let lastMismatch = getLast({
    next: {
        value: 123
    },
    value: false,
//  ~~~~~
// 錯誤：型別 'boolean' 不可指派給型別 'number'。
});
```

需要注意的是，如果介面宣告了參數型別，則參考該介面的任何型別註記，都必須提供
對應的引數型別。在這裡 CrateLike 的用法是錯誤的，因為並未包含引數型別：

```
interface CrateLike<T> {
    contents: T;
}

let missingGeneric: CrateLike = {
    //               ~~~~~~~~~
    // 錯誤：泛型 'CrateLike<T>' 需要 1 個引數型別。
    inside: "??"
};
```

本章後面將說明如何替參數型別提供預設值來迴避這個要求。

泛型類別

類別如同介面，也可以宣告任意數量的參數型別，之後提供在成員上使用。類別的每個
實體可能有一組不同的引數型別作為其參數型別。

這個 Secret 類別宣告了 Key 和 Value 參數型別，然後用於成員屬性、建構函數參數型別
以及方法的參數與回傳型別：

```
class Secret<Key, Value> {
    key: Key;
    value: Value;
```

```
    constructor(key: Key, value: Value) {
        this.key = key;
        this.value = value;
    }

    getValue(key: Key): Value | undefined {
        return this.key === key
            ? this.value
            : undefined;
    }
}

const storage = new Secret(12345, "luggage"); // 型別：Secret<number, string>

storage.getValue(1987); // 型別：string | undefined
```

與泛型介面一樣，使用類別的型別註記，必須向 TypeScript 說明該類別上的任何泛型型別是什麼。本章後面將呈現如何為參數型別提供預設值，以避免對類別的要求。

明確的泛型類別型別

實體化的泛型類別遵循與呼叫泛型函數相同的引數型別推斷規則。如果型別實體可以從參數的型別回推到類別建構函數，例如前面的 `new Secret(12345, "luggage")`，TypeScript 就會使用推斷的型別。倘若如果無法從傳遞給其建構函數的參數推斷出引數型別，則將預設為 unknown。

這個 `CurriedCallback` 類別宣告了一個接受泛型的建構函數。如果泛型函數具有已知型別（例如明確引數型別註記），則可識別類別實體的 Input 型別。否則，類別實體的輸入引數型別將預設為 unknown：

```
class CurriedCallback<Input> {
    #callback: (input: Input) => void;

    constructor(callback: (input: Input) => void) {
        this.#callback = (input: Input) => {
            console.log("Input:", input);
            callback(input);
        };
    }

    call(input: Input) {
        this.#callback(input);
    }
}
```

```
// 型別：CurriedCallback<string>
new CurriedCallback((input: string) => {
    console.log(input.length);
});

// 型別：CurriedCallback<unknown>
new CurriedCallback((input) => {
    console.log(input.length);
    //                  ~~~~~~
    // 錯誤：'unknown' 型別不存在 'length' 屬性。
});
```

類別實體也可以透過提供明確的引數型別來避免預設為 unknown，就像其他泛型函數呼叫一樣。

在這裡，之前例子中的 CurriedCallback，現在為其 Input 引數提供了一個明確的 string，因此 TypeScript 可以推斷回呼的 Input 引數型別解析為 string：

```
// 型別：CurriedCallback<string>
new CurriedCallback<string>((input) => {
    console.log(input.length);
});

new CurriedCallback<string>((input: boolean) => {
    //                       ~~~~~~~~~~~~~~~~~~~~~
    // 錯誤：型別 '(input: boolean) => void' 的引數
    // 不可指派給型別 '(input: string) => void' 的參數。
    //   參數 'input' 和 'input' 的型別不相容。
    //     型別 'string' 不可指派給型別 'boolean'。
});
```

擴充泛型類別

泛型類別可以作為擴充關鍵字之後的基本類別。TypeScript 不會嘗試從使用情況中推斷基本類別的引數型別。任何沒有預設值的引數型別，都需要使用一個明確的型別註記來指定。

以下 SpokenQuote 類別為其基本類別 Quote<T> 提供 string 作為 T 的引數型別：

```
class Quote<T> {
    lines: T;

    constructor(lines: T) {
        this.lines = lines;
```

```
        }
    }

    class SpokenQuote extends Quote<string[]> {
        speak() {
            console.log(this.lines.join("\n"));
        }
    }

    new Quote("The only real failure is the failure to try.").lines; // 型別：string
    new Quote([4, 8, 15, 16, 23, 42]).lines; // 型別：number[]

    new SpokenQuote([
        "Greed is so destructive.",
        "It destroys everything",
    ]).lines; // 型別：string[]

    new SpokenQuote([4, 8, 15, 16, 23, 42]);
    //              ~~~~~~~~~~~~~~~~~~~~~
    // 錯誤：型別 'number' 不可指派給型別 'string'。
```

泛型衍生類別可以將它們自己的引數型別傳遞給所屬的基本類別交替使用。型別名稱不必相符；只是為嘗試看看，這個 **AttributedQuote** 將一個不同名稱的 **Value** 引數型別傳遞給基本類別 **Quote<T>**：

```
    class AttributedQuote<Value> extends Quote<Value> {
        speaker: string

        constructor(value: Value, speaker: string) {
            super(value);
            this.speaker = speaker;
        }
    }

    // 型別：AttributedQuote<string>
    // （擴充 Quote<string>）
    new AttributedQuote(
        "The road to success is always under construction.",
        "Lily Tomlin",
    );
```

實現泛型介面

泛型類別也可以透過提供任何必要的參數型別來實現泛型介面。這近似於擴充泛型基本類別；也就是說，基礎介面上的任何參數型別都必須由類別宣告。

在這裡 MoviePart 類別將 ActingCredit 介面的 Role 引數型別指定為 string。IncorrectExtension 類別導致型別錯誤，因為它的 role 是 boolean 型別，儘管提供 string[] 作為 ActingCredit 的引數型別：

```
interface ActingCredit<Role> {
    role: Role;
}

class MoviePart implements ActingCredit<string> {
    role: string;
    speaking: boolean;

    constructor(role: string, speaking: boolean) {
        this.role = role;
        this.speaking = speaking;
    }
}

const part = new MoviePart("Miranda Priestly", true);

part.role; // 型別 : string

class IncorrectExtension implements ActingCredit<string> {
    role: boolean;
    //     ~~~~~~~
    // 錯誤 : 型別 'IncorrectExtension' 中的屬性 'role'
    // 無法指派給基底型別 'ActingCredit<string>' 中的相同屬性。
    //    型別 'boolean' 不可指派給型別 'string'。
}
```

泛型方法

類別方法可以宣告它們自己的泛型型別，與類別實體區隔開來。因此對於泛型類別方法，每次所進行的引數型別呼叫中，可能每次都有不同的參數型別。

例子中，這個泛型 CreatePairFactory 類別宣告了一個 Key 型別，並包括一個 createPair 方法，還宣告一個單獨的 Value 泛型型別。最後推斷 createPair 回傳的型別為 { key: Key, value: Value }：

```
class CreatePairFactory<Key> {
    key: Key;

    constructor(key: Key) {
        this.key = key;
    }
```

```
    createPair<Value>(value: Value) {
        return { key: this.key, value };
    }
}

// 型別 : CreatePairFactory<string>
const factory = new CreatePairFactory("role");

// 型別 : { key: string, value: number }
const numberPair = factory.createPair(10);

// 型別 : { key: string, value: string }
const stringPair = factory.createPair("Sophie");
```

靜態泛型類別

類別的靜態成員與實體成員也是分開的，並且不與類別的任何特定實體相互聯動。他們無權存取任何類別實體或特定類別的型別資訊。因此，雖然靜態類別方法可以宣告自己的參數型別，但它們不能存取任何在類別上宣告的參數型別。

在這個例子中，BothLogger 類別為其 instanceLog 方法宣告了一個 OnInstance 參數型別，並且靜態 staticLog 方法也宣告了一個單獨的 OnStatic 參數型別。靜態方法無法存取實體 OnInstance，因為 OnInstance 是在類別實體中所宣告的：

```
class BothLogger<OnInstance> {
    instanceLog(value: OnInstance) {
        console.log(value);
        return value;
    }

    static staticLog<OnStatic>(value: OnStatic) {
        let fromInstance: OnInstance;
        //                ~~~~~~~~~~
        // 錯誤 : 靜態成員不得參考類別引數型別。

        console.log(value);
        return value;
    }
}

const logger = new BothLogger<number[]>;
logger.instanceLog([1, 2, 3]); // 型別 : number[]

// 推斷 OnStatic 引數型別 : boolean[]
```

```
BothLogger.staticLog([false, true]);

// 明確顯示 OnStatic 引數型別：string
BothLogger.staticLog<string>("You can't change the music of your soul.");
```

泛型型別別名

TypeScript 中最後一個可以進行建構引數型別，使用的是泛型型別別名。每個型別別名可以被賦予任意數量的參數型別，例如這裡的 Nullish 型別接收一個泛型 T：

```
type Nullish<T> = T | null | undefined;
```

泛型型別別名通常與函數搭配使用，用來描述泛型函數的型別：

```
type CreatesValue<Input, Output> = (input: Input) => Output;

// 型別：(input: string) => number
let creator: CreatesValue<string, number>;

creator = text => text.length; // 正確

creator = text => text.toUpperCase();
//                ~~~~~~~~~~~~~~~~~
// 錯誤：型別 'string' 不可指派給型別 'number'。
```

泛型可辨識的聯集

在第 4 章「物件」中提到，區分聯集是作者在所有 TypeScript 中最喜歡的特性，因為它們完美結合了常見 JavaScript 的優雅模式和 TypeScript 的型別窄化。區分聯集的用途是增加一個引數型別，來建立一個描述的「結果」泛型型別，該型別表示執行結果帶有成功的資料或帶有失敗的錯誤。

此例 Result 泛型型別具有一個 succeeded 的判別式，必須使用該判別式將結果窄化限縮為成功或失敗。這意味著任何回傳 Result 的操作，都可以表示錯誤訊息或成功結果，並確立呼叫的使用方，需要檢查結果是否成功：

```
type Result<Data> = FailureResult | SuccessfulResult<Data>;

interface FailureResult {
    error: Error;
    succeeded: false;
}
```

```
interface SuccessfulResult<Data> {
    data: Data;
    succeeded: true;
}

function handleResult(result: Result<string>) {
    if (result.succeeded) {
        // result 的型別 : SuccessfulResult<string>
        console.log(`We did it! ${result.data}`);
    } else {
        // result 的型別 : FailureResult
        console.error(`Awww... ${result.error}`);
    }

    result.data;
    //     ~~~~
    // 錯誤：型別 'Result<string>' 沒有屬性 'data'。
    //    型別 'FailureResult' 沒有屬性 'data'。
}
```

將泛型型別和可鑑別型別放在一起，提供一種很好的方式讓物件 Result 可重複使用型別進行模式建構。

泛型修飾符號

TypeScript 包含允許我們修改泛型參數型別的行為語法。

泛型預設值

到目前為止已經提過，如果在型別註記中使用泛型型別或作為類別 extends 或 implements 的基礎，必須為每個參數型別提供一個引數型別。我們可以在參數型別的宣告後面放置一個 = 符號，緊接著一個預設型別來明確描述參數型別。預設值將套用於宣告不明確且無法推斷任何後續的參數型別。

在這裡 Quote 介面接受一個 T 型別的參數，如果沒有提供則預設為 string。explicit 變數將 T 明確設定為 number，而 implicit 和 mismatch 都解析為 string：

```
interface Quote<T = string> {
    value: T;
}

let explicit: Quote<number> = { value: 123 };
```

```
let implicit: Quote = { value: "Be yourself. The world worships the original." };

let mismatch: Quote = { value: 123 };
//                            ~~~~~
// 錯誤：型別 'number' 不可指派給型別 'string'。
```

參數型別也可預設為同一宣告中先前參數的型別。由於每個參數型別都由宣告帶入一個新的型別，因此它們可用於宣告中，作為後續參數型別的預設值。

例子中 KeyValuePair 的型別是泛型 Key 和 Value，它們可以有不同的型別，但預設保持相同；儘管因為 Key 沒有預設值，但仍然需要推斷或提供：

```
interface KeyValuePair<Key, Value = Key> {
    key: Key;
    value: Value;
}

// 型別：KeyValuePair<string, number>
let allExplicit: KeyValuePair<string, number> = {
    key: "rating",
    value: 10,
};

// 型別：KeyValuePair<string,string>
let oneDefaulting: KeyValuePair<string,string> = {
    key: "rating",
    value: "ten",
};

let firstMissing: KeyValuePair = {
    //            ~~~~~~~~~~~~
    // 錯誤：泛型型別 'KeyValuePair<Key, Value>' 需要介於 1 和 2 之間的引數型別。
    key: "rating",
    value: 10,
};
```

請記住，所有預設參數型別必須排在宣告清單中的最後位置，類似函數中預設參數。沒有預設值的泛型型別可能無法期望如同預設值的泛型型別。

這裡允許使用 inTheEnd，因為所有沒有預設值的泛型型別都在有預設值之前。之所以 inTheMiddle 出現問題，因為沒有遵循泛型型別預設值的規則：

```
function inTheEnd<First, Second, Third = number, Fourth = string>() {} // 正確

function inTheMiddle<First, Second = boolean, Third = number, Fourth>() {}
//                                                            ~~~~~~
// 錯誤：必要參數型別可能未遵循選擇性參數型別。
```

受限制的泛型型別

一般情況下，泛型在型別理論上可以被賦予世界上任何的型別：類別、介面、原始型別、聯集，應有盡有。但是，某些函數僅適合用於受限的一組型別。

TypeScript 允許參數型別將自己宣告為需要**擴充**（*extend*）的型別：這表示它只允許對可指派的型別進行型別別名。限制參數型別的語法，是將 extends 關鍵字放在參數型別的名稱之後，然後是限制它的型別。

例如，建立一個 WithLength 介面來描述任何有長度的東西 length: number，然後我們可以允許泛型函數接受具有 T 泛型 length 的任何型別。如此就可接受恰好有 length: number 的字串、陣列、甚至是物件型別形態，而缺少結果為數字的 length（例如 Date），會導致型別錯誤：

```
interface WithLength {
    length: number;
}

function logWithLength<T extends WithLength>(input: T) {
    console.log(`Length: ${input.length}`);
    return input;
}

logWithLength("No one can figure out your worth but you."); // 型別 : string
logWithLength([false, true]); // 型別 : boolean[]
logWithLength({ length: 123 }); // 型別 : { length: number }

logWithLength(new Date());
//            ~~~~~~~~~~
// 錯誤 : 型別 'Date' 的引數不可指派給型別 'WithLength' 的參數。
//     型別 'Date' 缺少屬性 'length'，但型別 'WithLength' 必須有該屬性。
```

將在第 15 章「型別操作」中，介紹更多可以使用泛型執行的型別操作。

keyof 和限制參數型別

在第 9 章「型別修飾符號」中，介紹過 keyof 運算符號，也可用於受限制的參數型別。一起使用 extends 和 keyof，將允許參數型別限制為前一個參數型別的鍵值。這也是指定泛型型別鍵值的唯一方法。

從廣為流行的 Lodash 程式庫中，來看一下這個簡易版本的 get 方法。它接受一個 container 數值，型別為 T，以及從中透過 key 名稱，檢索 T 的鍵值。因為 Key 參數型別被限制為一個 keyof T，TypeScript 知道這個函數回傳 T[Key]：

```
function get<T, Key extends keyof T>(container: T, key: Key) {
    return container[key];
}

const roles = {
    favorite: "Fargo",
    others: ["Almost Famous", "Burn After Reading", "Nomadland"],
};

const favorite = get(roles, "favorite"); // 型別 : string
const others = get(roles, "others"); // 型別 : string[]

const missing = get(roles, "extras");
//                         ~~~~~~~~
// 錯誤：型別 '"extras"' 的引數不可指派給型別 '"favorite" | "others"' 的參數。
```

如果沒有 keyof，就無法正確輸入泛型 key 參數。

在前面範例中，注意 Key 參數型別的重要性。如果只提供 T 作為參數型別，並且 key 參數允許是任意的 keyof T，那麼回傳型別將是 Container 中，所有屬性數值的聯集型別。這個不太具體的函數宣告，無法向 TypeScript 表達每次呼叫都可以透過引數型別來取得特定的 key：

```
function get<T>(container: T, key: keyof T) {
    return container[key];
}

const roles = {
    favorite: "Fargo",
    others: ["Almost Famous", "Burn After Reading", "Nomadland"],
};

const found = get(roles, "favorite"); // 型別 : string | string[]
```

在撰寫泛型函數時一定要知道參數的型別，何時需要？取決於之前參數的型別。在這些情況下，我們通常需要使用限制參數型別，來獲得正確的參數型別。

Promise

現在我們已經瞭解泛型是如何運作，現在是時候討論現代 JavaScript 的一個核心特性，並信任這樣的概念：承諾（Promise）！回顧一下，JavaScript 中的 Promise，表示仍可能處於待處理狀態的事物，例如網路請求。每個 Promise 都提供註冊回呼函數的方法，防止等待的操作，並以 resolve（解決）和 reject（拒絕）分別表示「成功完成」和「拋出錯誤」。

Promise 能夠在任意數值型別上表示類似的操作，這很適合 TypeScript 的泛型。Promise 在 TypeScript 型別系統中，表示為一個 Promise 類別，其中一個參數型別表示最終解析的數值。

建立 Promise

Promise 建構函數在 TypeScript 中需要輸入單一參數。該參數的型別依賴於泛型 Promise 類別中宣告的參數型別。簡化形式大致如下所示：

```
class PromiseLike<Value> {
    constructor(
        executor: (
            resolve: (value: Value) => void,
            reject: (reason: unknown) => void,
        ) => void,
    ) { /* ... */ }
}
```

目的是建立一個用於最終 resolve 的 Promise，並且通常需要明確宣告 Promise 的參數型別。如果沒有明確的泛型參數型別，TypeScript 會預設假設參數型別是 unknown 的。對 Promise 建構函數明確提供參數型別，將使得 TypeScript 解析型別產生 Promise 實體的：

```
// 型別：Promise<unknown>
const resolvesUnknown = new Promise((resolve) => {
    setTimeout(() => resolve("Done!"), 1000);
});

// 型別：Promise<string>
const resolvesString = new Promise<string>((resolve) => {
    setTimeout(() => resolve("Done!"), 1000);
});
```

Promise 的 .then 方法引入一個新的參數型別，用來表示回傳 Promise 的 resolve 數值。

例如以下程式碼中，建立一個 textEventually 的 Promise，在一秒後使用 resolve 產生 string 數值，使得 lengthEventually 等待一秒後，取得的 number 結果：

```
// 型別：Promise<string>
const textEventually = new Promise<string>((resolve) => {
    setTimeout(() => resolve("Done!"), 1000);
});

// 型別：Promise<number>
const lengthEventually = textEventually.then((text) => text.length)
```

非同步函數

在 JavaScript 中使用 async 關鍵字宣告的任何函數，都會回傳一個 Promise。如果 JavaScript 中的 async 非同步函數回傳的數值並非具有 Then 能力（Thenable，也就是 Promise 的 .then() 方法）的物件，它將被包裝在 Promise 類別中，就好像在其中呼叫 Promise.resolve。TypeScript 瞭解這一點，並推斷非同步函數，無論回傳什麼數值，型別始終是 Promise。

這裡 lengthAfterSecond 直接回傳一個 Promise<number>，而 lengthImmediately 被推斷回傳 Promise<number>，因為它是非同步並且直接回傳 number：

```
// 型別：(text: string) => Promise<number>
async function lengthAfterSecond(text: string) {
    await new Promise((resolve) => setTimeout(resolve, 1000))
    return text.length;
}

// 型別：(text: string) => Promise<number>
async function lengthImmediately(text: string) {
    return text.length;
}
```

因此，在任何非同步函數上，手動宣告的回傳都必須是 Promise 型別，即使該函數在其定義表示中沒有明確提及 Promise：

```
// 正確
async function givesPromiseForString(): Promise<string> {
    return "Done!";
}

async function givesString(): string {
    //                         ~~~~~~
    // 錯誤：非同步函式或方法的傳回型別，必須為全域 Promise<T> 型別。
    return "Done!";
}
```

正確使用泛型

正如本章前面的 Promise<Value> 實作例子一樣，雖然泛型可以讓我們在程式碼中，對於描述型別有很大靈活性，但相對很快就會變得相當複雜。剛接觸 TypeScript 的程式人員經常會經歷一個過度使用泛型的階段，導致程式碼難以閱讀，且使用起來過於複雜。TypeScript 的最佳實踐方式，往往是在必要時才使用泛型，並確立它們的用途。

 大多數情況下撰寫 TypeScript 的程式碼，都不應該大量使用泛型，以免造成混淆。然而，工具程式庫的型別，特別是常用模組，有時可能需要大量使用它們。瞭解泛型對於能夠有效地使用這些工具程式型別，還是有其必要性在。

泛型的黃金法則

一個可以幫助判斷函數是否需要參數型別的快速檢測方式是，它應該至少使用兩次以上。使用泛型描述型別之間的關連，如果泛型參數型別只出現在一個地方，那不可能定義出多個型別之間的關係。

概略的說，每個函數都應該都使用到一個參數型別，然後也應該使用至少一個其他參數或函數的回傳型別。

例如，這個 logInput 函數只使用一次 Input 參數型別來宣告輸入的參數：

```
function logInput<Input extends string>(input: Input) {
    console.log("Hi!", input);
}
```

與本章前面的 identify 函數不同，logInput 不會對其參數型別做任何事情，例如回傳或宣告更多參數。因此，特別宣告 Input 參數型別沒有多大用處。我們可以在沒有參數的情況下改寫 logInput：

```
function logInput(input: string) {
    console.log("Hi!", input);
}
```

讀者可以參考 Dan Vanderkam 的《Effective TypeScript 中文版》（2019 年 O'Reilly 出版），其中包含一些關於如何使用泛型的優秀技巧，還包括標題為「泛型的黃金法則」的部分，強烈建議讀者閱讀其內容，特別是如果發現自己花費大量時間與程式碼中的泛型進行角力時。

泛型的命名約定

包括 TypeScript，在許多語言中參數型別的標準命名約定，通常預設第一個引數型別為「T」，意指用於 type（型別）或 template（樣板），如果存在後續參數型別，則稱為「U、V」等等。

如果知道有關應該如何使用引數型別的一些內容資訊，則約定有時會擴充到使用該項目中的第一個字母來表示其用法：例如，狀態管理（state management）程式庫，可能將泛型狀態稱為「S」。而「K、V」通常指資料結構中的鍵值和數值。

不幸的是，用一個字母命名引數型別，可能與只用一個字元命名的函數或變數一樣令人困惑：

```
// L 和 V 到底是什 ?!
function labelBox<L, V>(l: L, v: V) { /* ... */ }
```

倘若泛型的含意從單一字母 T 中變得不清楚時，最好使用描述性較高的泛型型別名稱，藉以說明其型別的用途：

```
// 這樣比較清楚
function labelBox<Label, Value>(label: Label, value: Value) { /* ... */ }
```

每當一個結構有多個參數型別，或者單一引數型別的用途不是很清楚時，盡量考慮使用完整的名稱，來提高可讀性而避免單一字母縮寫。

總結

在本章中，我們使用類別、函數、介面和泛型型別別名，並與參數型別一起使用：

- 使用參數型別來表示不同使用結構的型別

- 在呼叫泛型函數時提供明確或不明確引數型別

- 使用泛型介面來表示泛型物件型別

- 對類別增加參數型別，以及如何影響它們的型別

- 將參數型別增加到型別別名，尤其是可辨識型別聯集

- 使用預設數值（=）和限制（extends）修改泛型參數型別

- Promise 和 async 函數如何使用泛型來表示非同步資料流程

- 泛型的最佳實作規則，包括黃金法則和命名約定

本書第二部分**功能**到此結束。恭喜讀者，現在已經理解在大多數專案、TypeScript 型別系統中，所有重要的語法和型別檢查功能！

下一部分「使用」，介紹如何配置 TypeScript，以利於我們在專案上執行、與外部專案的相互依賴，以及調整其型別檢查和產生 JavaScript。這些是我們自己在專案中使用 TypeScript 的重要功能。

TypeScript 語法中還有一些其他雜項的型別操作。我們不需要完全理解，就可以在大多數 TypeScript 專案中工作；倘若讀者有興趣，花一點時間理解它們也是很有趣、很有用。作者已經把部分內容挪到第四部分「額外學分」；如果有時間的話，這會是一個有趣的章節。

 現在我們已經閱讀完本章，在 *https://learningtypescript.com/generics* 上，練習所學到的內容。

為什麼泛型會激怒開發人員？
它們總是在輸入各種論點。

使用

宣告檔案

宣告檔案
擁有系統最單純型別的程式碼
在非執行時期的結構

儘管在 TypeScript 中撰寫程式碼相當不錯,並且這是我們所期望的,但專案還需要能夠使用其他原始 JavaScript 檔案。而且許多套件是直接用 JavaScript 所撰寫而非 TypeScript。甚至即便使用 TypeScript 撰寫的套件,也會以 JavaScript 檔案形式散佈。

因此,TypeScript 專案需要一種方法,來通知環境特定功能的型別形態,例如全域變數和 API。例如,在 Node.js 中執行的專案可以存取內建 Node 模組,但在瀏覽器中可能就無法操作,反之亦然。

TypeScript 允許將型別形態與它的實作分開宣告。型別宣告通常寫以 *.d.ts* 擴充名稱做結尾的檔案中,稱為宣告檔案。宣告檔案通常在專案中,與專案所用的 npm 套件一起撰寫、編譯建構和發佈,或者作為獨立的「型別」套件相互共用。

宣告檔案

一個 *.d.ts* 宣告檔案通常與 *.ts* 檔案類似,也不會帶有執行程式碼的顯著限制。*.d.ts* 檔案僅包含可用執行時,所使用到的數值、介面、模組和一般型別描述等等。其中不包含任何執行時期的程式碼,並可編譯為 JavaScript。

可以像任何其他來源的 TypeScript 檔案一樣,匯入宣告檔案。

以下 *types.d.ts* 檔案匯出成 *index.ts* 檔案，描述使用的 Character 介面：

```
// types.d.ts
export interface Character {
    catchphrase?: string;
    name: string;
}

// index.ts
import { Character } from "./types";

export const character: Character = {
    catchphrase: "Yee-haw!",
    name: "Sandy Cheeks",
};
```

 宣告檔案建立所謂的環境內容（*ambient context*），這只能表示宣告型別的數值而非實際的程式碼區域。

本章主要說明宣告檔案中，最常見的型別宣告形式和內容。

宣告執行時數值

儘管定義檔案可能不會建立諸如函數或變數之類的執行時所使用到的數值，但能夠使用 declare 關鍵字，宣告這些結構的存在。這樣做會告訴型別系統，在某些外部影響（例如網頁中 <script> 的標記），已在對應名稱下建立了具有特定型別的數值。

以 declare 宣告變數，與普通變數宣告有相同的語法，但不允許初始值。

此段程式碼成功宣告一個變數，但在嘗試初始化指派變數數值時收到型別錯誤：

```
// types.d.ts
declare let declared: string; // 正確

declare let initializer: string = "Wanda";
//                                ~~~~~~~
// 錯誤：環境內容中不得有初始設定式。
```

函數和類別的宣告也與它們的一般形式類似，只是沒有函數或方法的主體。

以下 canGrantWish 函數和方法在沒有主體的情況下正確宣告，但 grantWish 函數和方法出現語法錯誤，因為不正確嘗試設定主體：

```
// fairies.d.ts
declare function canGrantWish(wish: string): boolean; // 正確

declare function grantWish(wish: string) { return true; }
//                                          ~
// 錯誤：不得在環境內容中宣告實作。

class Fairy {
    canGrantWish(wish: string): boolean; // 正確

    grantWish(wish: string) {
        //                      ~
        // 錯誤：不得在環境內容中宣告實作。
        return true;
    }
}
```

對於 TypeScript 不明確 any 型別的規則，在宣告函數和變數內容中的作用，與在普通原始碼中的作用一致。因為宣告的環境內容中可能不提供函數主體或初始變數的數值，所以需要明確型別註記——包括回傳型別——通常是阻止它們變成為不明確 any 型別的唯一方法。

儘管使用 declare 關鍵字的型別宣告在 .d.ts 定義檔案中，也很常見，但 declare 關鍵字也可以在宣告檔案之外使用。模組或指令稿檔案也可以使用 declare。當僅用於目前檔案中的全域變數時，會顯得很有用。

這裡 myGlobalValue 變數定義在 *index.ts* 檔案中，因此允許在該檔案中使用它：

```
// index.ts
declare const myGlobalValue: string;

console.log(myGlobalValue); // 正確
```

注意，雖然在 *.d.ts* 定義檔案中，不管是否宣告型別形態（如介面），當在執行建構過程時（如函數或變數），都將會針對沒有宣告的情況下觸發型別錯誤：

```
// index.d.ts
interface Writer {} // 正確
declare interface Writer {} // 正確

declare const fullName: string; // 正確：型別是原始字串
```

```
declare const firstName: "Liz"; // 正確：型別是字面值

const lastName = "Lemon";
// 錯誤：最上層的宣告 .d.ts 檔案中，必須以 'declare' 或 'export' 修飾符號作為開頭。
```

全域變數

因為沒有 import 或 export 語句的 TypeScript 檔案，會被視為 *scripts* 而非 *modules*，所以在其中宣告的結構（包括型別）是全域定義的檔案，可以利用這樣的特性，替全域宣告型別。在應用程式中，全域定義檔案幫助所有檔案，宣告可用全域的型別及變數。

這裡 *globals.d.ts* 檔案宣告了一個 const version: string 存在全域之中。*version.ts* 檔案可以參考全域的 version 變數，儘管沒有從 *globals.d.ts* 匯入：

```
// globals.d.ts
declare const version: string;

// version.ts
export function logVersion() {
    console.log(`Version: ${version}`); // 正確
}
```

全域宣告的數值，最常用於瀏覽器應用程式中。儘管大多數現代 Web 框架，通常使用較新的技術，例如 ECMAScript 模組，但它仍然很有幫助；尤其是在較小的專案中，能夠儲存全域變數。

 如果發現無法自動存取在 .d.ts 檔案中宣告的全域型別，請仔細檢查 .d.ts 檔案，是否正在匯入並且產生任何東西。即使是單一匯出也會導致整個檔案不在全域的範圍內！

全域介面合併

在 TypeScript 專案的型別系統中，變數並非在全域當中唯一會變動的。對於全域 API 和數值，全域確實存在許多型別宣告。因為介面會與其他同名介面合併，所以在全域指令稿的內容中，宣告一個介面（例如一個沒有任何 import 或 export 語句的 .d.ts 宣告檔案）會在全域範圍內擴充該介面。

例如，Web 應用程式可能希望將其所依賴於服務器設定的相關全域變數，儲存於 Window 介面上。透過 *types/window.d.ts* 這樣的檔案，將介面合併，如同宣告一個存在 Window 型別的全域 window 變數上：

```
<script type="text/javascript">
window.myVersion = "3.1.1";
</script>

// types/window.d.ts
interface Window {
    myVersion: string;
}

// index.ts
export function logWindowVersion() {
    console.log(`Window version is: ${window.myVersion}`);
    window.alert("Built-in window types still work! Hooray!")
}
```

全域的強化

在需要擴大全域範圍的 *.d.ts* 檔案中，會盡量避免使用 import 或 export 語句，但往往不見得都是可行的，例如為了簡化全域定義的型別，匯入至其他地方時。所以，有時在模組檔案中宣告的型別，其實也可能被全域使用到。

對於這些情況，TypeScript 允許使用 declare global 語法來標記程式碼區塊。如此，該區塊的內容將標記為處於全域範圍之中，即使它們的周圍環境可能不是全域的狀況下：

```
// types.d.ts
//（模組內容）

declare global {
    //（全域內容）
}

//（模組內容）
```

在這裡 types/data.d.ts 檔案匯出一個 Data 介面，稍後將由 types/globals.d.ts 和執行 *index.ts* 時匯入：

```
// types/data.d.ts
export interface Data {
    version: string;
}
```

此外 types/globals.d.ts 在 declare global 範圍內，宣告一個 Data 型別的變數，以及一個僅在該檔案中可用的變數：

```
// types/globals.d.ts
import { Data } from "./data";

declare global {
    const globallyDeclared: Data;
}

declare const locallyDeclared: Data;
```

然後 *index.ts* 無須匯入即可存取 globalDeclared 變數，但對 Data 的操作仍需要匯入的語句：

```
// index.ts
import { Data } from "./types/data";

function logData(data: Data) { // 正確
    console.log(`Data version is: ${data.version}`);
}

logData(globallyDeclared); // 正確

logData(locallyDeclared);
//      ~~~~~~~~~~~~~~~
// 錯誤：找不到名稱 'locallyDeclared'。
```

想讓全域和模組宣告能很好的相互運作，需要多花一點心思。在專案中正確使用 TypeScript 的 declare 和 global 關鍵字，可以描述哪些型別定義是全域可用的。

內建宣告

現在我們已經理解宣告的工作原理，是時候揭開它們在 TypeScript 中的隱藏用途：它們一直在為型別檢查提供動力！Array、Function、Map 和 Set 等全域物件是型別系統中，最需要分析，然而卻未在程式碼中宣告建構的例子。其中所提供的檢查，除了取決於程式碼之外，還需依據執行時期的任何環境狀態：諸如 Deno、Node、Web 瀏覽器等等。

程式庫宣告

對於所有 JavaScript 執行時期的內建全域物件（例如 Array 和 Function），其宣告存在 *lib.[target].d.ts* 的檔案中。而 *target* 是我們專案所針對 JavaScript 的最低支援版本，例如 ES5、ES2020 或 ESNext。

程式庫定義檔或「lib 檔案」都相當大,因為它們代表 JavaScript 的全部內建 API。例如,內建 Array 型別上的成員由一個全域 Array 介面表示,如下:

```
// lib.es5.d.ts

interface Array<T> {
    /**
     * 取得或設定陣列的長度。
     * 陣列最後一個元素的索引值再加一。
     */
    length: number;

    // ...
}
```

Lib 檔案是作為 npm 套件發佈的一部分。我們可以在套件中的 *node_modules/typescript/lib/lib.es5.d.ts* 等路徑中找到。對於 VS Code 等 IDE,使用本身專屬版本的 TypeScript 套件,對程式碼做型別檢查,我們可以透過滑鼠右鍵,點選程式碼中的內建方法(例如陣列的 forEach),並選擇「移至定義(Go to Definition)」等選項,來找到正在使用 lib 檔案的定義位置(如圖 11-1)。

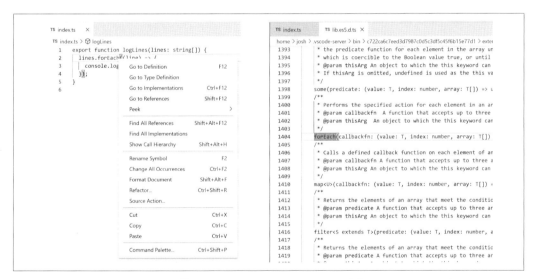

圖 11-1　圖左:在 forEach 點選「Go to Definition」;圖右:結果會打開 *lib.es5.d.ts* 檔案

目標程式庫

預設情況下，TypeScript 將根據提供給 tsc CLI（命令列提示介面）和專案中的 *tsconfig. json* 裡頭的 `target` 設定項目（預設為 es5），來決定匯入適當的 lib 檔案。較新的 JavaScript 版本的 lib 檔案，建構時會連續將介面相互合併。

例如，在 *lib.es2015.d.ts* 中列出了 ES2015 中增加的 EPSILON 和 isFinite 等靜態 Number 成員：

```
// lib.es2015.d.ts

interface NumberConstructor {
    /**
     * 表示 1 與 Number，用來描述大於 1 的最小浮點數之間的差值。
     * Number.EPSILON 可表示介於 1 與 1 之間的浮點數的差值，
     * 大約為：2.2204460492503130808472633361816 x 10-16。
     */
    readonly EPSILON: number;

    /**
     * 如果數值是有限的則回傳 true，不同於全域當中的 isFinite，Number.isFinite
     * 並不會強制將參數做轉換。僅在有限的數值型別，其結果為 true。
     * @param number 一個作為數字的參數
     */
    isFinite(number: unknown): boolean;

    // ...
}
```

TypeScript 專案將包含所有 `target` 項目中所設定的 JavaScript 版本的 lib 檔案。例如，目標為 es2016 的專案，將包括 *lib.es5.d.ts*、*lib.es2015.d.ts*、*lib.es2016.d.ts*。

> 在型別系統中，我們僅能使用 JavaScript 目標版本之前的語言特性，
> 倘若需要更新一點的語言特性則無法使用。例如，如果目標是 es5，則
> ES2015 或更高版本的語言特性（如 String.prototype.startsWith）將無
> 法識別。

第 13 章「配置設定選項」中，會更詳細地介紹諸如 `target` 等等編譯器選項。

DOM 宣告

在 JavaScript 語言本身之外，最常被參考的型別宣告區域是用於 Web 瀏覽器。Web 瀏覽器型別，通常稱為「DOM」型別，其中涵蓋了諸如 localStorage 之類的 API，以及主要在 Web 瀏覽器中可使用的 HTMLElement 之類等等的型別形態。DOM 型別儲存在 *lib.dom.d.ts* 檔案中與其他 *lib.*.d.ts* 宣告檔案儲存在一起。

與許多內建全域變數一樣，全域 DOM 型別通常使用全域介面來描述。例如，用於 localStorage 和 sessionStorage 的 Storage 介面和大致如下：

```
// lib.dom.d.ts

interface Storage {
    /**
     * 回傳 key/value 成對鍵值的長度數值
     */
    readonly length: number;

    /**
     * 移除所有 key/value 成對鍵值
     */
    clear(): void;

    /**
     * 根據給定的字串鍵值，回傳對應的數值，如果不存在，回傳 null
     */
    getItem(key: string): string | null;

    // ...
}
```

預設情況下，TypeScript 在專案中不會包含 lib 編譯器選項所包含 DOM 型別。這有時會讓開發人員在「非」瀏覽器環境（如 Node）中執行專案時感到困惑，因為他們不應該也不能夠存取型別系統中所聲稱存在的全域 API，如 document 和 localStorage。第 13 章「配置設定選項」中，諸如 lib 之類的編譯器選項會更詳細介紹。

模組宣告

宣告檔案的另一個重要特性，是它們描述模組形態的能力。可以在模組名稱的字串之前使用 declare 關鍵字，來告知型別系統該模組的內容。

在這裡 `my-example-lib` 模組，宣告內容儲存於 `modules.d.ts` 檔案中，然後在 *index.ts* 檔案中使用：

```
// modules.d.ts
declare module "my-example-lib" {
    export const value: string;
}

// index.ts
import { value } from "my-example-lib";

console.log(value); // 正確
```

基本上我們不應該經常在自己的程式碼中使用 `declare module`。這主要涉及到下一章節的萬用字元模組和本章後面介紹的套件型別，之後會一併詳述。此外，請參閱第 13 章「配置設定選項」有關 `resolveJsonModule` 的資訊，這是一個允許 TypeScript 識別來自原生 *.json* 檔案，匯入編譯器的選項。

萬用字元模組宣告

模組宣告的一個常見用途，是將非 JavaScript 或 TypeScript 之特定延伸檔案名稱 `import`（匯入）到 Web 應用程式之中。模組宣告可能包含單一 * 萬用字元，用來表示符合與該樣式的任何檔案，都視為是相同模組。

例如，在許多 Web 專案，使用流行的 React 啟動程式中預設專案的配置，像是 create-react-app 和 create-next-app，都支援 CSS 模組，它們都會將 CSS 檔案中的檔名樣式，作為可在執行時使用的匯入物件。並使用 *.module.css 之類的樣式定義模組，其預設匯出型別為 `{ [i: string]: string }`：

```
// styles.d.ts
declare module "*.module.css" {
    const styles: { [i: string]: string };
    export default styles;
}

// component.ts
import styles from "./styles.module.css";

styles.anyClassName; // 型別：string
```

使用萬用字元模組來表示檔案，並非安全的。TypeScript 並沒有提供確保符合匯入的模組路徑與檔案比對的機制。而其他一些使用諸如 Webpack 之類的建構系統，會從原始碼產生 *.d.ts* 檔案，並提供檔案比對來確保匯入。

套件型別

現在我們已經理解，如何在專案中宣告型別，是介紹外部套件之間使用型別的時候了。運用 TypeScript 撰寫的專案，通常會在發佈的套件中包含已編譯的 *.js* 輸出。我們會透過 *.d.ts* 檔案來宣告這些 JavaScript 檔案，表示這些檔案是支援 TypeScript 型別系統。

宣告

TypeScript 使用 declaration（宣告）選項來建立一個 *.d.ts*，以讓輸入的 JavaScript 做使用。

例如，以下 *index.ts* 原始檔案：

```
// index.ts
export const greet = (text: string) => {
    console.log(`Hello, ${text}!`);
};
```

開啟 declaration，使用 module 為 es2015 和 target 為 es2015，將產生以下輸出：

```
// index.d.ts
export declare const greet: (text: string) => void;

// index.js
export const greet = (text) => {
    console.log(`Hello, ${text}!`);
};
```

自動生成的 *.d.ts* 檔案是由專案建立，也是提供外部使用型別定義的最佳方式。大多數使用 TypeScript 撰寫的套件，通常會建議將所產出生成的 *.js* 輸出與這些 *.d.ts* 檔案放在一起。

在第 13 章「配置設定選項」中，會更詳細介紹諸如宣告之類的編譯器選項。

依存性套件型別

TypeScript 能夠利用打包在專案 node_modules 目錄中,相依項目中的 *.d.ts* 檔案,來做檢測。這些檔案將告知型別系統,套件本身匯出的型別形態,就如同它們是在同一個專案中撰寫或使用宣告模組區塊是一樣的。

帶有自己的 *.d.ts* 宣告檔案與典型 npm 模組可能具有類似的檔案結構:

```
lib/
    index.js
    index.d.ts
package.json
```

例如,廣受歡迎的測試執行程式 Jest,就是用 TypeScript 撰寫的,並在其 jest 套件中,提供自己所屬套件的 *.d.ts* 檔案。它依賴於 @jest/globals 套件,該套件提供諸如 describe 和 it 之類的功能,讓 jest 能夠在全域下使用:

```
// package.json
{
    "devDependencies": {
        "jest": "^32.1.0"
    }
}

// using-globals.d.ts
describe("MyAPI", () => {
    it("works", () => { /* ... */ });
});

// using-imported.d.ts
import { describe, it } from "@jest/globals";

describe("MyAPI", () => {
    it("works", () => { /* ... */ });
});
```

如果要從頭開始重新建立一個功能有限的 Jest 型別套件子集,它們可能看起來像以下檔案的樣子。@jest/globals 套件匯出了 describe 和 it 的功能。然後 jest 套件匯入這些函數,並使用對應的函數型別 describe 和 it 變數擴充全域範圍:

```
// node_modules/@jest/globals/index.d.ts
export function describe(name: string, test: () => void): void;
export function it(name: string, test: () => void): void;
```

```
// node_modules/jest/index.d.ts
import * as globals from "@jest/globals";

declare global {
    const describe: typeof globals.describe;
    const it: typeof globals.it;
}
```

這樣的結構允許使用 Jest 專案，在全域之中參考 describe 和 it。此外專案也可以選擇從 @jest/globals 套件中匯入這些函數。

公開套件型別

如果我們的專案打算在 npm 上發佈，並為外部使用者提供型別，請在套件的 *package.json* 檔案中，增加 types 欄位，指向專案本身的根目錄宣告檔案。types 欄位的工作方式與 main 欄位類似——通常看起來相同，但使用 *.d.ts* 延伸副檔名而非 *.js*。

例如這個 fictional 套件檔案中，*./lib/index.js* 是主要執行檔，與 *./lib/index.d.ts* 型別檔案存在相同一層目錄之中：

```
{
  "author": "Pendant Publishing",
  "main": "./lib/index.js",
  "name": "coffeetable",
  "types": "./lib/index.d.ts",
  "version": "0.5.22",
}
```

然後 TypeScript 會使用這些 *./lib/index.d.ts* 的內容，作為分析外部程式 utilitarian 在匯入套件檔案時，應該提供的內容。

 如果套件的 *package.json* 中不存在 types 欄位，TypeScript 將預設數值為 *./index.d.ts*。這符合 npm 的預設行為，也就是（如果未指定時）會以 *./index.js* 檔案作為套件主程式 main 的進入點。

大多數套件使用 TypeScript 的宣告編譯器選項來建立 *.d.ts* 檔案，以及原始檔案 *.js* 的輸出。在第 13 章「配置設定選項」中會再介紹編譯器選項。

DefiniteTyped

很遺憾，並非所有專案都是用 TypeScript 撰寫的。一些既有的開發人員，仍在用普通舊有的 JavaScript 撰寫他們的專案，沒有型別檢查可以幫助他們。這聽起來相當可怕。

我們的 TypeScript 專案，仍然需要分析這些套件中的模組與型別形態。TypeScript 團隊和社群建立了一個名為 DefiniteTyped（*https://github.com/DefinitelyTyped/DefinitelyTyped*）的巨大儲存庫，來容納這些由社群替套件所撰寫的定義。

DefinitelyTyped（或簡稱 DT）是 GitHub 上最活躍的儲存庫之一。它套件含數千個 *.d.ts* 套件的定義，以及相互審查變更建議和自動化發佈更新。DT 套件在 npm 上發佈在 @types 範圍之內，緊接著後續與它們為其提供的套件型別名稱。例如截至 2022 年 @types/react 為 react 套件提供型別定義。

 @types 通常會作為 dependencies 必須依賴或作為 devDependencies 開發階段依賴的方式安裝，儘管近年來這兩者之間的區別已經變得越來越模糊。一般來說，如果我們的專案打算作為 npm 套件發佈，應該使用 dependencies 的方式，以便套件的外部使用者也參考其中使用的型別定義。如果我們專案是一個獨立的應用程式，例如在伺服器上建構和執行的應用程式，應該使用 devDependencies 來傳達這些型別只是一個開發過程時期的工具。

例如，對於依賴於 lodash 的實用程式套件（至 2022 年，內含有一個獨立的 @types/lodash 套件），若將套件納入於專案中，則在 *package.json* 會出現以下內容：

```
// package.json
{
    "dependencies": {
        "@types/lodash": "^4.14.182",
        "lodash": "^4.17.21",
    }
}
```

利用 React 建構的獨立應用程式，在 *package.json* 中可能出現類似以下內容：

```
// package.json
{
    "dependencies": {
        "react": "^18.1.0"
    },
    "devDependencies": {
```

```
        "@types/react": "^18.0.9"
    },
}
```

請注意語意化版本（semver）的控制編號，在 @types/ 套件和它們相關的組合套件，兩者編號不一定相同。可能會經常發現一些修補版本、次要版本（如 React 或 Lodash 早期版本，甚至主要版本）會被關閉。

 由於這些檔案是由社群所創建的，因此它們的版本可能落後父輩專案或存在某些不確定性之處。如果專案編譯成功，但在呼叫程式庫時出現執行錯誤，請檢查正在存取的 API 其呼叫特徵是否已被修改。相較於成熟專案具有穩定的 API 介面，這種情況不太常見，但仍有耳聞。

型別的可用性

除了流行的 JavaScript 套件，帶有自己的型別，也可以透過 DefinitelyTyped 提供型別。

如果我們想為一個還沒有可用型別的套件取得型別，最常見的三種選項是：

- 向 DefinitelyTyped 發送抓取請求（pull request），來建立其 @types/ 套件。

- 使用前面介紹的 declare module 語法，在專案中撰寫型別。

- 關閉 noImplicitAny 將掩蓋一切；如第 13 章「配置設定選項」中所述，強烈警告盡量不要這樣做。

作者建議，如果有時間的話，多打一些字貢獻型別，絕對是有幫助的。這樣做有助於其他可能也想使用該套件的 TypeScript 開發人員。

 請參考 aka.ms/types （*https://aka.ms/types*），用於搜尋套件是否具有某些已包裝在其中的型別或單獨的 @types/ 套件。

總結

在本章中，我們使用宣告檔案和數值來知會 TypeScript，在原始碼中如何處理未宣告的模組和數值：

- 使用 *.d.ts* 建立宣告檔案

- 使用 declare 關鍵字宣告型別和數值

- 使用全域數值、全域介面合併和全域擴充來修改全域型別

- 配置和使用 TypeScript 的內建目標、程式庫和 DOM 宣告

- 宣告模組型別，包含套件使用萬用字元模組

- TypeScript 如何從套件中取得型別

- 使用 DefinitelyTyped 來取得套件自身並沒有的型別

 現在我們已經閱讀完本章，在 *https://learningtypescript.com/declaration-files* 上，練習所學到的內容。

TypeScript 型別在美國南部怎麼說？
「*為何？我有我的看法！*」

第十二章

使用 IDE 功能

在 IDE 第一次
進行程式編譯
感覺宛若有超能力

如果沒有語法特別標示以及其他 IDE 功能，來協助在其中進行開發，對於任何流行的程式編譯語言來說都是不完整的。TypeScript 最大的優勢之一是它的語言服務，替 JavaScript 和 TypeScript 程式碼提供了一套強大的開發助手。本章將介紹一些最有用的項目。

強烈建議讀者在閱讀本書時，一起建構 TypeScript 專案，從中嘗試這些 IDE 功能。儘管本章中的所有範例和螢幕截圖，都是作者自身最喜歡的編輯器 VS Code，但任何支援 TypeScript 的 IDE，都將支援本章的大部分內容。截至 2022 年，至少包括以下：Atom、Emacs、Vim、Visual Studio 和 WebStorm，可支援本機或含有 TypeScript 的外掛程式。

本章是介紹一些常用的 TypeScript IDE 功能，而非詳盡的列表，以及它們在 VS Code 中的任何預設捷徑方式。隨著不斷撰寫 TypeScript 程式碼，我們可能會發現更多功能。

透過在程式碼中，點選滑鼠右鍵選單，通常可以在選單內容中找到許多 IDE 功能。諸如 VS Code 之類的 IDE，通常也會在選單內容中顯示鍵盤快速鍵。熟悉 IDE 的鍵盤快速鍵，可以幫助我們更快地撰寫程式碼和執行建構、重構。

這裡的螢幕截圖，顯示 VS Code 中針對 TypeScript 中的變數的命令列表及捷徑方式（圖 12-1）。

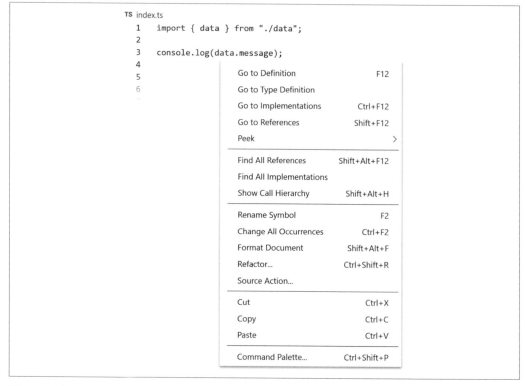

圖 12-1　在 VS Code 中，針對一個變數點選滑鼠右鍵，選單內容所顯示的命令列表

 VS Code 與大多數應用程式一樣，選單中可以點選向上或向下箭頭瀏覽選項，然後選擇其中一個。

瀏覽程式碼

開發人員通常會花費更多時間閱讀程式碼，而非主動編輯程式碼。協助瀏覽程式碼的工具，可加快時間對程式碼的瞭解，非常有用。TypeScript 語言服務提供的許多功能，目的都在幫助學習程式碼：特別是在程式碼中的型別定義或數值，以及在它們的使用位置之間跳轉。

現在將介紹選單內容中，常用的瀏覽選項以及它們在 VS Code 中的捷徑方式。

尋找定義

TypeScript 可以從對型別定義或數值的參考作為起點，在程式碼中瀏覽，然後回到原始的位置。VS Code 還提供了幾種回溯的方法：

- 跳到定義 (F12)，請求直接瀏覽到最初定義名稱的位置。

- Cmd (Mac) / Ctrl (Windows) + 滑鼠點選變數名稱，也會觸發定義。

- 滑鼠右鍵，查看 > 描核定義（Option (Mac) / Alt (Windows) + F12），會彈出一個方框來顯示定義。

移至型別定義（Go to Type Definition）是移至定義（Go to Definition）的一個特殊版本，它可以跳到任何數值的型別定義。對於類別或介面的實體，它將顯示類別或介面本身，而非實體定義的位置。

螢幕截圖顯示，在匯入的變數 data 上，使用移至定義（Go to Definition）搜尋相關資訊（圖 12-2）。

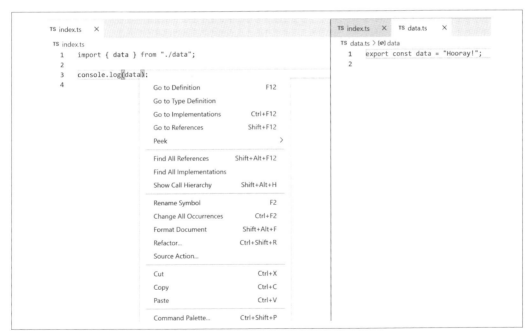

圖 12-2　左邊：在變數名稱上移至定義；右邊：結果打開 *data.ts* 檔案

若在自己的程式碼相關檔案中搜尋宣告定義，編輯器會帶入該檔案。程式碼之外的模組（例如 npm 套件）通常會開啟 *.d.ts* 宣告檔案。

搜尋參考資料

指定型別定義或數值，TypeScript 可以向我們顯示所有參考的列表，或在專案中使用的位置。VS Code 提供了幾種視覺化的列表方法。

前往參考（Go to References）（Shift + F12）在變數名稱點選滑鼠右鍵，在下方會展開視窗的查看方框，其中顯示該型別定義或數值參考的列表。

例如，以下是在檔案 *data.ts* 中宣告的 data 變數，跳躍到另一個檔案 *index.ts* 的參考位置，並顯示其宣告及用法（圖 12-3）。

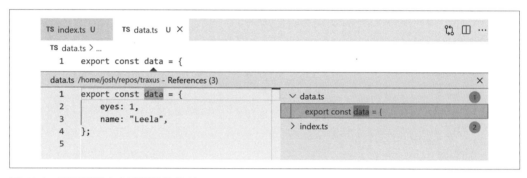

圖 12-3　顯示選單中查看變數的參考

查看方框中包含參考檔案的部分內容。我們可以直接對該檔案進行編輯操作（輸入、執行編輯器命令等），就好像它已經是打開的檔案一般。還可以滑鼠右鍵輕按兩下，由原本部分「預覽」的狀態變成直接開啟檔案。

點選查看方框右側的檔名列表，會將查看方框的部分內容切換到點擊的檔案。從列表中，滑鼠右鍵對檔名輕按兩下，會向下展開在該檔案中，符合比對參考的部分。

在這裡 VS Code 顯示相同 data 變數的宣告和用法，但在右側方框中展開個別檔案中參考的部分（圖 12-4）。

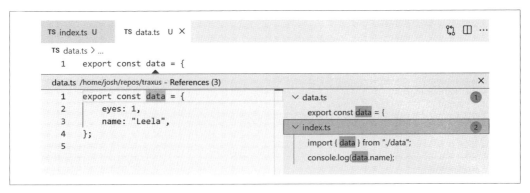

圖 12-4 顯示打開查看變數參考的選單

搜尋所有參考（Find All References）（Option (Mac) / Alt (Windows) + Shift + F12）可顯示參考列表，在程式碼瀏覽過程中會保持在側邊的可見視窗。這對於一次打開多個參考或對多個參考執行相關操作會有很大的幫助（圖 12-5）。

REFERENCES

3 results in 2 files

TS data.ts   U
    export const data = {
TS index.ts   X U
    import { data } from "./data";
    console.log(data.name);

TS index.ts U   TS data.ts   U ✕

TS data.ts ⟩ [⊘] data

```
1    export const data = {
2        eyes: 1,
3        name: "Leela",
4    };
5
```

圖 12-5 搜尋變數的所有參考選單

尋找實作

前往實作（Go to Implementations）（Cmd (Mac) / Ctrl (Windows) + F12）和尋找所有實作（Find All Implementations）是專門針對特定的介面和抽象類別方法的功能。讓我們可以在程式碼中快速找到介面或抽象方法的實作（圖 12-6）。

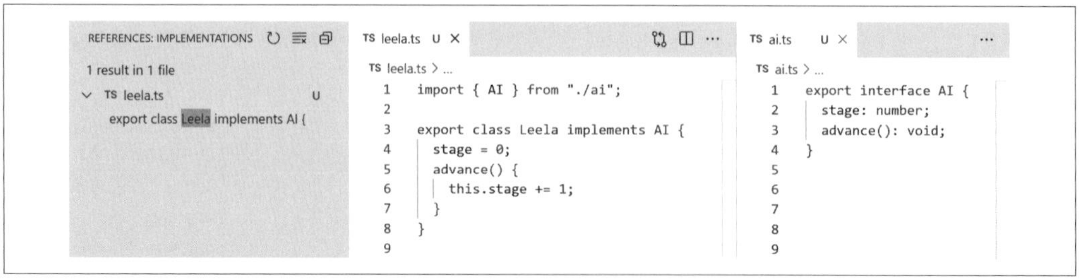

圖 12-6　搜尋所有介面實作的選單

當搜尋類別或介面的數值型別以及使用方式時，這個功能對我們特別有幫助。搜尋所有參考，資訊可能會很多而且凌亂，因為它還會顯示類別或介面的定義，以及其他型別的參考。

撰寫程式碼

在編輯器背後執行著的 IDE 語言服務（例如 VS Code 的 TypeScript 服務），會對檔案中的操作做出回應。在我們做檔案的輸入時，會查看檔案的編輯內容，甚至儲存檔案在修改之前的狀態。這樣做可以啟動一系列功能，幫助我們在撰寫 TypeScript 程式碼時自動執行一些常見任務。

自動完成命名

編輯器也可以使用 TypeScript 的 API，依照在於同一檔案中的變數名稱，來自動填寫。當我們開始進行鍵盤輸入時，例如將先前宣告的變數提供作為函數參數，使用 TypeScript 的編輯器，常會建議使用具有符合名稱的變數列表，達到自動完成。用滑鼠游標點選或按下 Enter 鍵，從列表中選擇符合需要的參數名稱來自動完成（圖 12-7）。

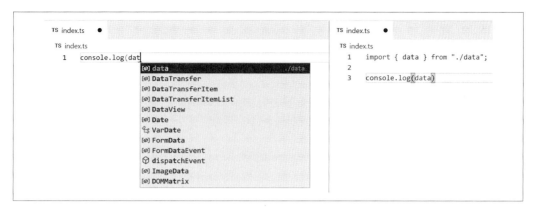

圖 12-7　圖左：輸入 dat 的變數名稱，並從選單中自動完成；圖右：自動完成填入 data 的結果

自動完成的資訊，會被提供給套件依賴項目。螢幕截圖顯示從 lodash 套件中匯入 sortBy，並自動補齊模組程式碼的前後差異（圖 12-8）。

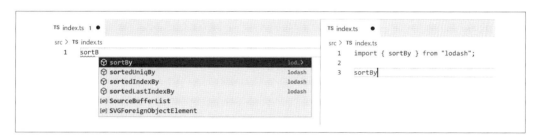

圖 12-8　圖左：sortBy 的自動完成；圖右：自動完成從 lodash 匯入的 sortBy 的結果

自動匯入是體驗 TypeScript 最受歡迎的功能之一。它們大幅地加快以往一般耗費心力的過程，清楚的匯入來源，然後明確的輸入進去。

相同的，如果我們從某一個數值開始，輸入其屬性名稱，由 TypeScript 提供的編輯器支援，將提供該數值所屬型別該有的已知屬性，來自動完成（圖 12-9）。

圖 12-9　圖左：輸入 forE 的屬性自動完成；圖右：自動完成 .forEach 的結果

自動匯入更新

如果我們重新命名檔案，或將其從一個資料夾移動到另一個資料夾，可能需要更新檔案的多個匯入語句。可能需要在檔案本身和從任何其他匯入的檔案中進行更新。

如果使用 VS Code 作為 TypeScript 檔案管理工具，拖拉檔案或將其重新命名為巢狀資料夾路徑時，VS Code 將幫助我們更新檔案路徑。

以下的螢幕截圖，顯示了一個 *src/logging.ts* 檔案，被重新命名為一個 *src/shared/logging.ts*，除了位置改變之外，相關的檔案匯入也以對應的方式更新（圖 12-10）。

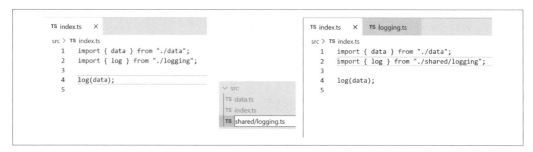

圖 12-10　圖左：從 ./logging 匯入的 src/index.ts 檔案；中間：將 src/logging.ts 重新命名為 src/shared/logging.ts；圖右：src/index.ts 將會更新匯入的路徑

 在多個檔案編輯時，可能會使得許多檔案被修改而未獲得儲存。請記得在執行編輯後，儲存任何修改的檔案。

程式碼動作

許多 TypeScript 的 IDE 開發工具都可提供觸發，作為操作的一個方式。大多數的觸發都可一次修改多個檔案，但其中一些只針對目前正在編輯的檔案。使用這些程式碼動作是指導 TypeScript 完成許多手動程式碼編輯任務的好幫手，例如協助我們取得匯入路徑和常見的程式重構。如果功能開啟，程式碼動作通常在編輯器中，以某種圖示表示。

例如，當至少一個程式碼動作可以使用時，VS Code 會在文字游標旁邊出現一個可點選的燈泡圖示（圖 12-11）。

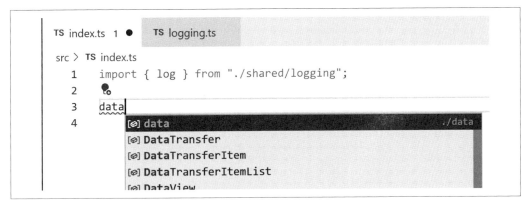

圖 12-11　在一個導致型別錯誤的變數名稱旁，出現程式碼動作燈泡圖示

編輯器通常會提供鍵盤快速鍵，來操作程式碼中的選單或其等效動作，從而讓我們在不使用滑鼠的情況下，觸發本章所提及的任何操作。VS Code 打開程式碼操作選單的預設捷徑方式，在 Mac 上是 Cmd + .，在 Linux/Windows 上是 Ctrl + .；在下拉選項中，上下鍵移動選擇其中一個後，按下 Enter 鍵。

這些程式碼操作，尤其是重新命名和重構，由於受到 TypeScript 型別系統的資訊而變得特別強大。將操作套用在型別時，TypeScript 將分析所有檔案中的哪些數值屬於該型別，然後可以對這些數值做出任何需要的修改。

重新命名

修改已經宣告的名稱，例如函數、介面或變數的名稱，如果逐一手動執行可能很麻煩。TypeScript 可以對名稱執行重新命名，同時對所有參考的位置也一併更新。

內容選單中，重新命名符號（Rename Symbol）(F2) 的功能，會建立一個文字框，可以在其中輸入新的名稱。例如，在函數名稱上觸發重新命名，將出現一個文字框填入函數新的名稱，以及變更所有呼叫它的地方。按 Enter 套用新的名稱（圖 12-12）。

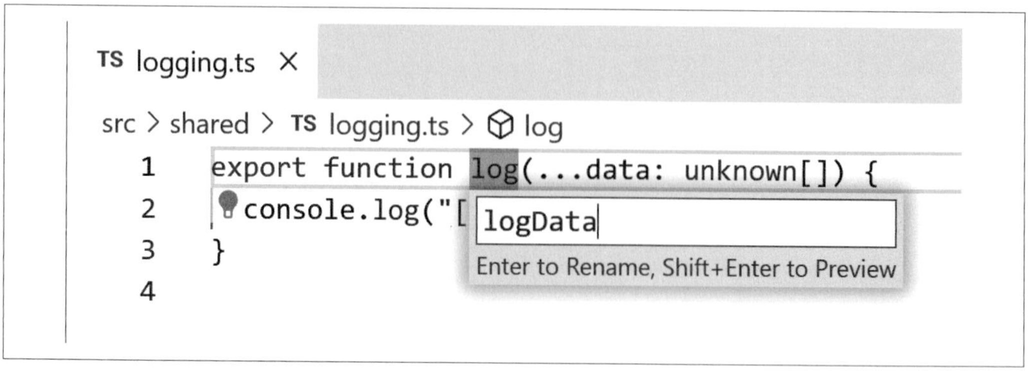

圖 12-12　重新命名 log 函數，輸入 logData（圖 12-13）

如果想看看在套用新名稱之前會發生什麼，請按 Shift + Enter 打開一個重構預覽視窗，其中列出所有可能發生的文字修改（圖 12-13）。

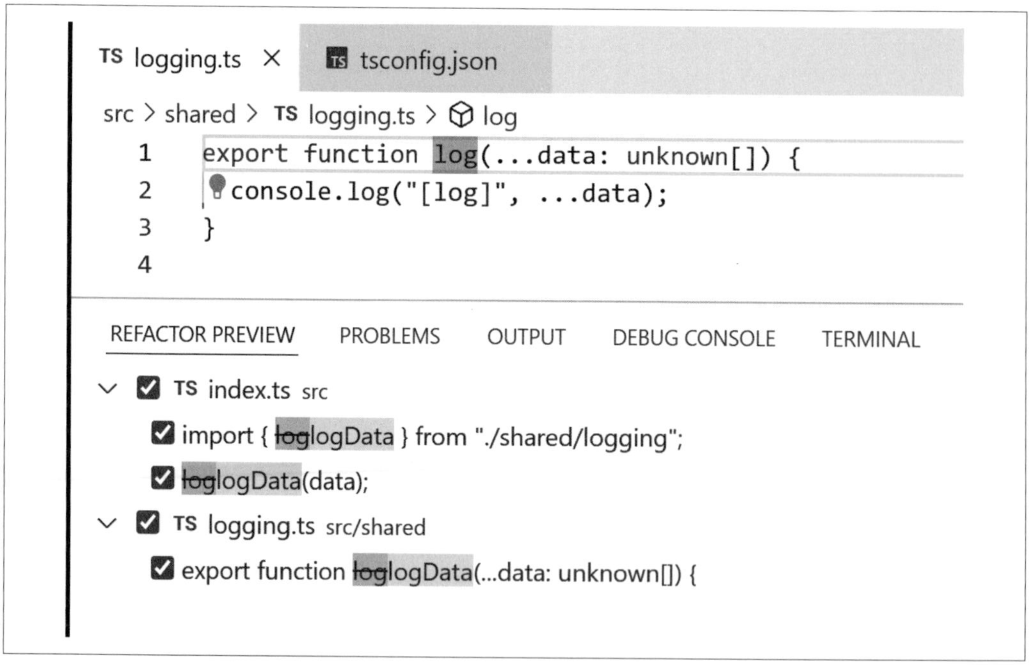

圖 12-13　重構預覽 log 函數的重新命名，logData 的變更是橫跨兩個檔案

刪除未使用的程式碼

許多 IDE 會巧妙改變未使用到的程式碼部分的視覺外觀，例如參考匯入數值和變數。VS Code 會將它們的不透明度降低大概三分之一。

TypeScript 提供程式碼操作來刪除未使用的部分。（圖 12-14）顯示要求 TypeScript 刪除未使用的 import 語句之結果。

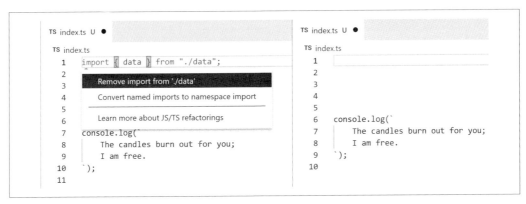

圖 12-14　圖左：選擇未使用的 import 並打開重構選單；圖右：TypeScript 刪除後的結果

其他快速修正的技巧

許多 TypeScript 錯誤訊息，適合針對快速修正的程式碼問題，例如關鍵字或變數名稱中的拼字錯誤。其他常用的 TypeScript 快速修正包括：

- 在類別或介面上缺少某些宣告的屬性
- 修正輸入錯誤的欄位名稱
- 協助填入宣告變數所缺少屬性的型別

每當我們發現從未見過的錯誤訊息時，建議檢查快速修正清單。我們永遠不知道 TypeScript 提供哪些有用的工具來解決它！

重構

TypeScript 語言服務為不同的程式碼結構，提供大量便利的程式碼修改。就像移動程式碼內容一樣簡單，而有些則像建立新函數一樣複雜。

當我們選擇程式碼區域後，VS Code 將在選擇的區域旁，顯示一個燈泡圖示。滑鼠點選它查看一些可能的重構清單。

這是將一個在行內陣列數值，抽離成為一個 const 變數（圖 12-15）。

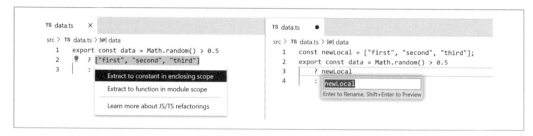

圖 12-15　圖左：選擇一個文字陣列並打開重構選單；圖右：抽離變成常數變數

有效的處理錯誤

閱讀編譯錯誤訊息，並採取相關的行動，是使用任何程式語言工作中的一個重要環節。每位開發人員，無論是否精通 TypeScript，每次撰寫程式碼都可能會觸發大量的編譯器錯誤。使用 IDE 功能來強化、有效處理 TypeScript 編譯器錯誤的能力，這將協助我們提高語言工作的效率。

語言服務的錯誤訊息

編輯器通常會將 TypeScript 語言服務所提供的任何錯誤回報，不斷的顯示在程式碼下方，並以紅色波浪線標註。將滑鼠游標停在帶有下引線的字元上，在它們旁邊將會顯示一個訊息方框，其中包含錯誤訊息文字（圖 12-16）。

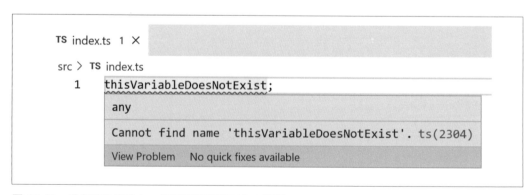

圖 12-16　滑鼠停在變數上，所得到的變數不存在資訊

VS Code 還會在這個有問題檔案的分頁頁籤上，顯示檔案的錯誤數量。對於錯誤，在方框中左下方的檢視問題（View Problem），滑鼠點選後將開啟顯示問題的指引標記，以及後續任何在行內的錯誤訊息。（圖 12-17）。

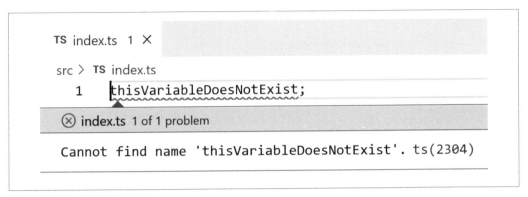

圖 12-17　在行內顯示變數不存在的問題

當同一個原始檔案中存在多個問題時，可透過上、下方向鍵在它們之間切換顯示。F8 和 Shift + F8，將分別作為問題清單中向前和向後的快速鍵（圖 12-18）。

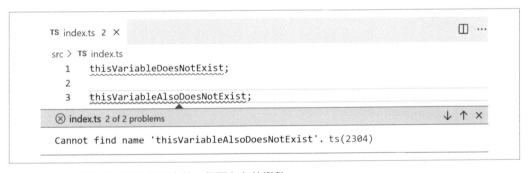

圖 12-18　在行內顯示兩個問題中的一個不存在的變數

問題標籤

VS Code 在其介面中包含一個「問題」的分頁，可以顯示工作區中的任何問題。以及 TypeScript 語言服務的錯誤報告。

以下螢幕截圖，顯示一個問題分頁，其中說明 TypeScript 檔案中的兩個問題（圖 12-19）。

圖 12-19　問題分頁顯示檔案中的兩個錯誤

點選問題分頁中的任何錯誤，會將我們的文字游標帶到那個檔案中，錯誤行列的位置上。

需要留意，VS Code 只會列出目前打開的檔案的問題。如果我們想要一個所有 TypeScript 編譯器問題的即時更新清單，需要在終端介面中執行 TypeScript 編譯器。

執行終端編譯器

建議在處理專案時，在終端中以持續監看（watch）模式執行 TypeScript 編譯器（在第 13 章「配置設定選項」中介紹）。這將為我們提供所有問題的即時更新清單，而不僅僅是檔案中的問題。

要在 VS Code 中執行此操作，請打開頁籤中的終端機（Terminal）並執行 tsc -w（或 tsc -b -w，如果參考到其他專案，也將在第 13 章「配置設定選項」中介紹）。我們現在應該得到一個終端介面，其中顯示專案中的所有 TypeScript 問題，如圖所示（圖 12-20）。

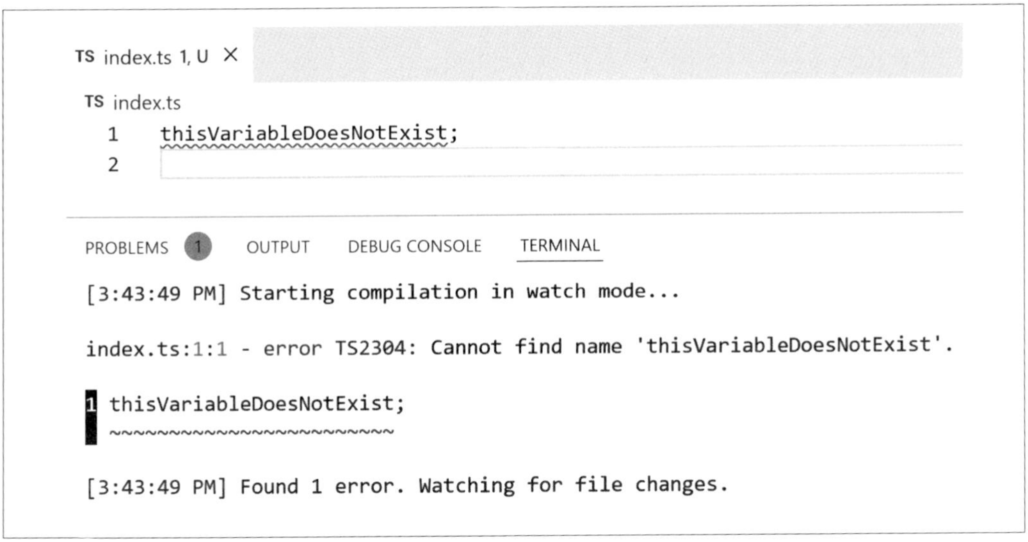

```
TS index.ts 1, U  ✕

TS index.ts
  1    thisVariableDoesNotExist;
  2


PROBLEMS  1    OUTPUT    DEBUG CONSOLE    TERMINAL

[3:43:49 PM] Starting compilation in watch mode...

index.ts:1:1 - error TS2304: Cannot find name 'thisVariableDoesNotExist'.

1 thisVariableDoesNotExist;
  ~~~~~~~~~~~~~~~~~~~~~~~~~

[3:43:49 PM] Found 1 error. Watching for file changes.
```

圖 12-20　在終端介面下執行 `tsc -w`，回報檔案中的問題

也可以按下 Cmd (Mac) / Ctrl (Windows) + 滑鼠點選檔案名稱，會將我們的文字游標帶入到檔案中錯誤發生的位置。

 一些專案使用 VS Code 的 launch.json 來做配置設定，在我們啟動時一併開啟 TypeScript 編譯器的終端介面，並在監看模式下執行。請參考 code. visualstudio.com/docs/editor/tasks（*https://code.visualstudio.com/docs/ editor/tasks*）取得有關 VS Code 任務的完整參考。

分析型別

有時我們會發現需要理解一些東西的型別，而這些設定方式並不明顯。對於任何數值，我們可以將滑鼠游標停在數值名稱上會出現浮動框，用來檢視其型別之用。

螢幕截圖中顯示一個變數的浮動框（圖 12-21）。

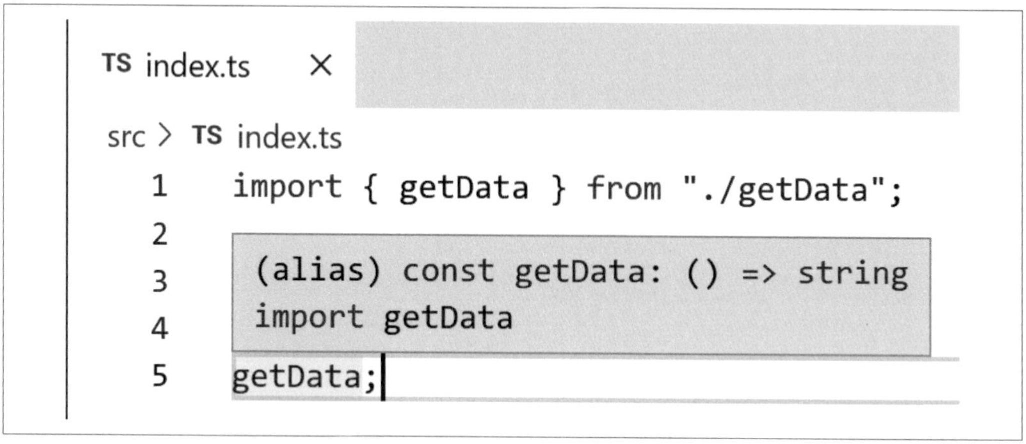

圖 12-21 在浮動視窗中變數的資訊

在浮動框顯示時，同時按住 Ctrl，可顯示名稱的宣告位置。

如圖顯示與之前相同的變數，在浮動框顯示後按下 Ctrl（圖 12-22）。

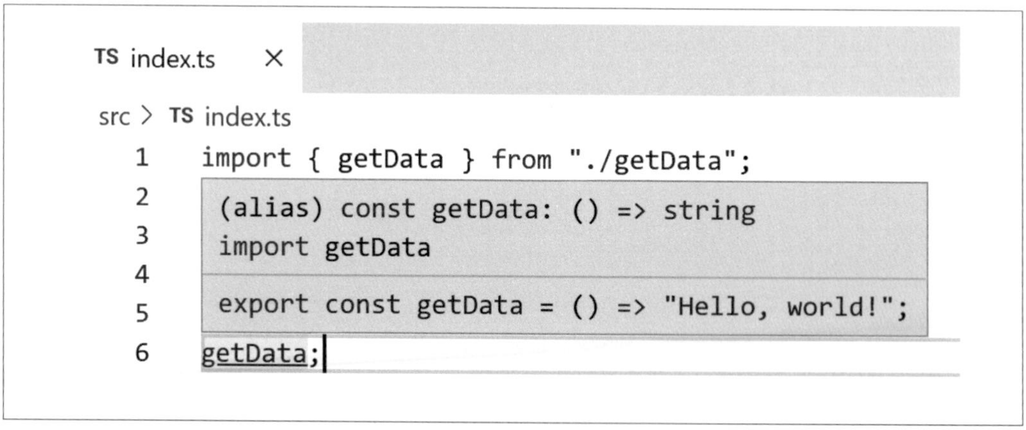

圖 12-22 浮動框中變數延伸的資訊

浮動資訊框也可用於型別，例如型別別名。如圖顯示，將滑鼠游標移動到 keyof typeof 型別上，檢視其等效的文字字串聯集（圖 12-23）。

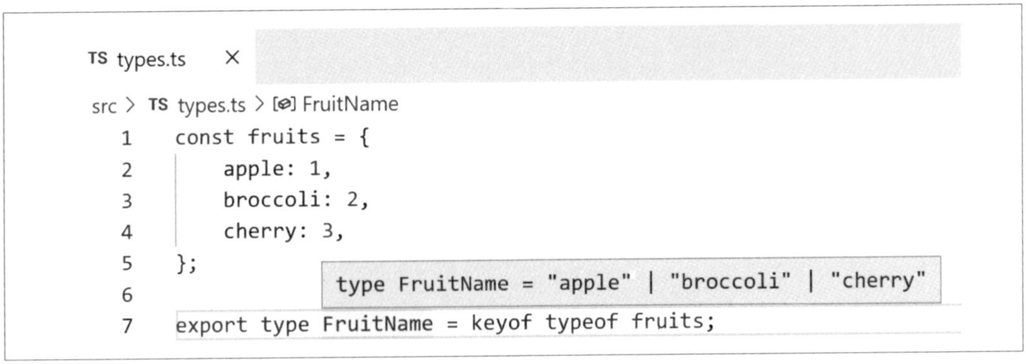

圖 12-23　浮動框中型別延伸的資訊

在嘗試釐清複雜型別的組成時，建立一個型別別名，用來代表單一型別的組成，這會是一種有效的策略。然後，我們再將滑鼠游標移動到該型別別名上，檢視其型別結果。

以之前的 FruitsType 型別為例，它的 typeof fruits 部分可以透過重構，抽離出來成為一個單獨的中間型別。然後藉由浮動框檢視中間型別的資訊（圖 12-24）。

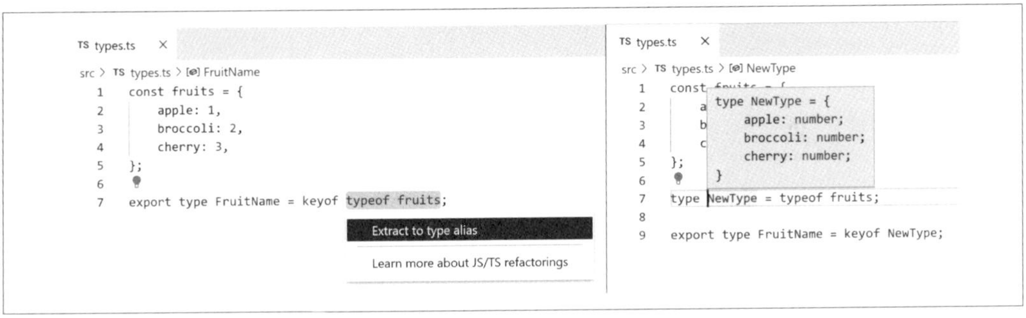

圖 12-24　圖左：提取 FruitsType 型別部分；圖右：將滑鼠游標移動至抽離的型別上

中間型別別名的策略，對於調整型別操作非常有用，在第 15 章「型別操作」中會介紹。

總結

在本章中，我們探索使用 TypeScript 的 IDE 整合環境來提高撰寫程式碼的能力：

- 打開型別和數值的內容選單，來列出可用的命令
- 透過搜尋定義、參考和實作來瀏覽程式碼

- 使用名稱補齊和自動匯入撰寫程式碼

- 更多對程式碼的操作，包括重新命名和重構

- 檢視和理解語言服務錯誤的對策

- 分析型別的手法

 現在我們已經閱讀完本章，在 *https://learningtypescript.com/using-ide-features* 上，練習所學到有關介面的內容。

IDE 彼此相戀時會說什麼？
「你讓我完整！」

第十三章

配置設定選項

編譯器選項：
型別、模組和一堆雜七雜八！
tsc 能建立屬於你的方式。

TypeScript 是高度可彈性配置的，並且適應一般常見的 JavaScript 使用模式。可以整合從遺留在瀏覽器環境中的程式碼，到現代流行的伺服器專案環境。

TypeScript 的可配置性，大部分來自其中 100 多個設定選項，透過以下任一種方式提供：

- 由命令列（CLI）傳遞給 tsc 的功能選項
- 也可由名為「TSConfig」的 TypeScript 配置設定檔案

本章不打算作為 TypeScript 所有配置選項的完整參考導覽。相反，建議讀者從本章中尋找自己最常使用的選項。這裡僅討論對大多數 TypeScript 專案更有用的設定和更廣泛的操作。請參考 aka.ms/tsc（*https://aka.ms/tsc*），來取得這些選項中，每一個詳細的內容。

tsc 選項

回到第 1 章「從 JavaScript 到 TypeScript」，我們使用 tsc index.ts 編譯了一個 *index.ts* 檔案。tsc 命令可以透過 -- 功能，將大部分 TypeScript 的配置選項作有效的控制。

例如，要在 *index.ts* 檔案上執行 tsc，並產出 *index.js* 檔案；倘若只執行型別檢查，請設定 --noEmit 功能選項：

```
tsc index.ts --noEmit
```

我們可以執行 tsc --help 取得常用 CLI 功能選項的列表。也可透過網站 aka.ms/tsc（*https://aka.ms/tsc*）瀏覽 tsc 的詳細且完整的配置說明，還可以透過 tsc --all 來檢視。

美化模式

tsc 能夠以美化模式在 CLI 中輸出：一致性的顏色和間距，使程式更容易閱讀。如果偵測到終端支援彩色文字輸出，則預設為美化模式。

這是 tsc 從檔案輸出兩個型別錯誤的範例（圖 13-1）。

```
~/learningtypescript$ tsc index.ts
index.ts:1:12 - error TS2322: Type 'string' is not assignable to type 'number'.

1 export let notNumeric: number = "Gotcha!";
                        ~~~~~~~~~~

index.ts:3:12 - error TS2322: Type 'number' is not assignable to type 'string'.

3 export let notString: string = 1337;
                       ~~~~~~~~~

Found 2 errors in the same file, starting at: index.ts:1
```

圖 13-1　tsc 回報兩個錯誤，藍色檔案名、黃色行號與列數，以及紅色波浪線

如果希望 CLI 輸出更簡潔、並且沒有過多不同的顏色，可以輸入 --pretty false 來告訴 TypeScript 使用純文字形式輸出（圖 13-2）。

```
~/learningtypescript$ tsc index.ts --pretty false
index.ts(1,12): error TS2322: Type 'string' is not assignable to type 'number'.
index.ts(3,12): error TS2322: Type 'number' is not assignable to type 'string'.
```

圖 13-2　tsc 以純文字形式回報兩個錯誤

監看模式

作者最喜歡在 CLI 模式下,使用 tsc 的 -w/--watch。監看模式不會在指令完成後離開,而是讓 TypeScript 不斷地執行,並即時更新終端介面,回報它所偵測到的所有錯誤清單。

在監看模式下執行並且包含兩個錯誤,如圖 13-3 所示。

```
[8:48:40 AM] Starting compilation in watch mode...

index.ts:1:12 - error TS2322: Type 'string' is not assignable to type 'number'.

1 export let notNumeric: number = "Gotcha!";
                               ~~~~~~~~~~~

index.ts:3:12 - error TS2322: Type 'number' is not assignable to type 'string'.

3 export let notString: string = 1337;
                               ~~~~~~~

[8:48:41 AM] Found 2 errors. Watching for file changes.
```

圖 13-3 tsc 在監看模式下回報兩個錯誤

圖 13-4 顯示 tsc 更新終端介面輸出,來標註檔案已修復所有錯誤。

```
[8:49:18 AM] File change detected. Starting incremental compilation...

[8:49:18 AM] Found 0 errors. Watching for file changes.
```

圖 13-4 tsc 在監看模式下回報沒有錯誤

當我們處理大量修改時(例如多個檔案進行重構),監看模式就顯得很有成效。我們可以使用 TypeScript 的型別錯誤作為各種檢查清單,來檢視是否仍存在需要清理的內容。

TSConfig 檔案

大多數 tsc 設定選項,可以在目錄中的 *tsconfig.json*(TSConfig)中指定,提供所有檔案名稱和配置設定。

tsconfig.json 存在於 TypeScript 專案的根目錄上。在目錄中執行 tsc 將讀取該 *tsconfig.json* 檔案中的任何配置設定選項。

我們還可以將 -p/--project 傳遞給 tsc，其中包含一個目錄的路徑，該目錄包含 *tsconfig. json* 或任何可讓 tsc 使用的檔案：

```
tsc -p path/to/tsconfig.json
```

強烈建議 TypeScript 專案中盡可能使用 TSConfig 檔案。因為諸如 VS Code 之類的 IDE，在提供 IntelliSense（智慧偵測）功能時，將著重該檔案中的配置。

參考 aka.ms/tsconfig.json（*https://aka.ms/tsconfig.json*），檢視 TSConfig 檔案中可用之配置設定的完整選項。

> 如果我們沒有在 *tsconfig.json* 中設定選項，TypeScript 的一些預設設定，也許可能會被調整並干擾專案的編譯。雖然這幾乎從未發生過，但如果一旦發生，需要對 TypeScript 進行主要版本的更新，並留意發行版本中的說明。

tsc --init

tsc 命令列中包含一個 --init 命令，用來建立一個新的 *tsconfig.json* 檔案。新建立的 TSConfig 檔案，將包含配置設定的說明文件連結，以及大多數可用的 TypeScript 配置設定選項，其中也簡要描述使用操作的單行註解。

執行此命令：

```
tsc --init
```

將產生一個完整且帶有註解的 *tsconfig.json* 檔案：

```
{
  "compilerOptions": {
    /* 請參考 https://aka.ms/tsconfig.json 獲得更多資訊 */
    // ...
  }
}
```

作者推薦使用 tsc --init 在最初的 TypeScript 專案中，建立我們的配置檔案。其中的預設值適用於大多數專案，並且包含許多註解，有助於理解個別設定。

CLI 與配置設定

檢視由 tsc --init 所建立的 TSConfig 檔案，可能會注意到檔案中的配置設定選項，位於 compilerOptions 物件之中。CLI 和 TSConfig 檔案中可用的大多數選項都屬於以下兩種類別之一：

Compiler（編譯器）

說明 TypeScript 如何編譯和檢查每個納管的檔案

File（檔案）

哪些檔案將或不會執行 TypeScript

我們將在之後討論這兩個類別的其他設定，例如專案參考和一般在 TSConfig 檔案中常用的部分。

> 如果以 CLI 的 tsc 所提供的設定，例如 CI 或產品建構的過程中會使用到的一次性修改，往往會覆蓋 TSConfig 檔案中指定的任何數值。因為通常 IDE 會從 TypeScript 設定目錄中的 *tsconfig.json* 檔案讀取出參數，所以建議將大多數配置設定選項放在 *tsconfig.json* 檔案中。

檔案包含

預設情況下 tsc 將在目前的目錄，以及任何子目錄中所有非隱藏的 *.ts* 檔案（其中檔名不能以 . 作為開頭）上執行；除此之外還會忽略隱藏目錄和一個名為 *node_modules* 的目錄。TypeScript 配置可以調整需要執行的檔案清單。

include 選項

直接在最上層 *tsconfig.json* 中的 include 屬性，指定需要納入哪些檔案目錄，是最常見方法。允許使用一個字串陣列來描述，在 TypeScript 編譯過程中，需要包含哪些目錄或檔案。

例如以下 *tsconfig.json* 配置檔案，將遞迴搜尋包含 *src/* 目錄中的所有 TypeScript 原始碼：

```
{
  "include": ["src"]
}
```

在 include 的字串中，允許使用 Glob 萬用字元，得以對檔案進行更精細的控制判斷，包括：

- * 比對零個或多個字元（不包括目錄分隔符號）。

- ? 比對任何一個字元（不包括目錄分隔符號）。

- **/ 比對任何巢狀層級的目錄階層。

以下的配置檔案範例，說明只允許在 *typings/* 的巢狀目錄中的 *.d.ts* 檔案和 *src/* 目錄中檔案名稱至少包含兩個字元、延伸副檔名不受限的檔案：

```
{
  "include": [
    "typings/**/*.d.ts",
    "src/**/*??.*"
  ]
}
```

對於大多數專案而言，一個簡單的 include 編譯器選項（compiler option），如 ["src"] 通常就足夠使用了。

exclude 選項

專案所包含的檔案清單，有時會含有不需要 TypeScript 編譯的檔案。可透過 TSConfig 檔案在最上層 exclude（排除）屬性中，指定路徑來忽略所包含的路徑。與 include 類似，允許一個字串陣列來描述在編譯過程中要排除哪些目錄或檔案。

以下配置包括 *src/* 目錄中的所有檔案，除了任何巢狀的 *external/* 目錄和 *node_modules* 目錄中的檔案：

```
{
  "exclude": ["**/external", "node_modules"],
  "include": ["src"]
}
```

預設情況下，exclude 已包含 ["node_modules", "bower_components", "jspm_packages"] 來避免在已編譯的第三方程式庫檔案中，執行 TypeScript 編譯器。

 如果我們正在編輯自己的排除清單，通常不需要重新增加 bower_components 或 jspm_packages。大多數的 JavaScript 專案，將模組安裝節點置於專案資料夾內的 node_modules 目錄中。

請記住 exclude 僅用於從 include 的清單中刪除檔案。TypeScript 將在任何包含或匯入的檔案上執行，即使匯入的檔案明確列在 exclude 的清單之中。

替換延伸副檔名

預設情況下，TypeScript 能夠讀取延伸副檔名為 *.ts* 的任何檔案。但是，一些專案需要能夠讀取具有不同延伸副檔名的檔案，例如 JSON 模組或用於 UI 程式庫（如 React）的 JSX 語法。

JSX 語法

`<Component />` 之類的 JSX 語法，經常用於 Preact 和 React 等 UI 程式庫中。JSX 語法在技術上而論，它不是 JavaScript。與 TypeScript 的型別定義一樣，它是 JavaScript 語法的擴充，可編譯為一般 JavaScript：

```
const MyComponent = () => {
  // 等同於：
  //   return React.createElement("div", null, "Hello, world!");
  return <div>Hello, world!</div>;
};
```

為了在檔案中使用 JSX 語法，我們必須做兩件事：

- 在配置設定中開啟 jsx 編譯器選項（compiler option）
- 檔案使用 *.tsx* 延伸副檔名的命名方式

jsx

用於 jsx 編譯器選項的數值，決定 TypeScript 如何替 *.tsx* 檔案產生 JavaScript 程式碼。專案通常使用這三種數值之一（表 13-1）。

表 13-1　編譯器選項的輸入和輸出

數值	輸入程式碼	輸出程式碼	輸出的延伸副檔名
"preserve"	`<div />`	`<div />`	.jsx
"react"	`<div />`	`React.createElement("div")`	.js
"react-native"	`<div />`	`<div />`	.js

jsx 的值可以提供給 tsc 的 CLI 或 TSConfig 檔案。

```
tsc --jsx preserve

{
  "compilerOptions": {
    "jsx": "preserve"
  }
}
```

倘若不直接使用 TypeScript 內建的轉譯器，我們可使用單獨的轉譯工具（例如 Babel），在轉譯程式碼時就是這種情況，這樣很可能為 jsx 添加任何允許的數值做修改。現今大多數 Web 應用程式都基於框架（如 Next.js 或 Remix）所建構的，因此需要處理 React 配置設定和編譯語法。如果我們使用其中一種框架，可能無須直接設定 TypeScript 的內建轉譯器。

泛型箭頭函數在 .tsx 檔案中的表示法

第 10 章「泛型」會提到泛型箭頭函數與 JSX 語法之間的衝突。若嘗試在 .tsx 檔案中，替箭頭函數撰寫參數型別 <T>，將產生語法錯誤，因為在一開始的 T 元素就沒有結束的標記：

```
const identity = <T>(input: T) => input;
//                ~~~
// 錯誤：JSX 元素 'T' 沒有對應的結束標記。
```

要解決這種語法之間表達上的分歧，我們可以將 = unknown 限制型別增加到參數中。參數型別預設為 unknown 型別，因此這不會改變程式碼行為。它的目的只是讓 TypeScript 讀取參數型別，而非 JSX 元素：

```
const identity = <T = unknown>(input: T) => input; // 正確
```

resolveJsonModule

如果 resolveJsonModule 編譯器選項設定為 true，TypeScript 將允許讀取 .json 檔案。當檔案 .json 匯入資料，會使得匯出的物件如同 .ts 一樣。TypeScript 將推斷該物件的型別，如同像是一個 const 變數一樣。

對於包含物件的 JSON 檔案，可以使用解構匯入。以下例子，在檔案 *activist.json* 中，定義一個「activist」字串，並將其匯入到 *usesActivist.ts* 檔案中：

```
// activist.json
{
  "activist": "Mary Astell"
}

// usesActivist.ts
import { activist } from "./activist.json";

// Logs: "Mary Astell"
console.log(activist);
```

如果開啟本章稍後介紹的 esModuleInterop 編譯器選項，也可以使用預設匯入：

```
// useActivist.ts
import data from "./activist.json";
```

對於包含其他字面型別（例如陣列或數字）的 JSON 檔案，我們必須使用 * as 作為匯入語法。以下例子，在 *activists.json* 檔案中，定義一個字串陣列，然後將其匯入到 *useActivists.ts* 檔案中：

```
// activists.json
[
  "Ida B. Wells",
  "Sojourner Truth",
  "Tawakkul Karm  n"
]

// useActivists.ts
import * as activists from "./activists.json";

// Logs: "3 activists"
console.log(`${activists.length} activists`);
```

發射啟動器（Emit）

儘管 Babel 等專用編譯工具的興起，甚至在某些專案中，TypeScript 僅只進行型別檢查，而未使用其他功能。但對於那些接受獨立依賴 TypeScript 的專案來說，將其語法編譯為 JavaScript，並使用其 tsc 命令輸出相同的功能，仍然是相當好用的。

outDir

在預設情況下，TypeScript 將輸出的目標檔案與對應的原始碼放在同一個位置。例如，在包含 *fruits/apple.ts*、*vegetables/zucchini.ts* 的目錄中執行 tsc，會產生檔案輸出到 *fruits/apple.js*、*vegetables/zucchini.js*：

```
fruits/
  apple.js
  apple.ts
vegetables/
  zucchini.js
  zucchini.ts
```

然而有時最好的方式，是將輸出檔案放在不同的資料夾中。例如，許多 Node 專案將轉換後的輸出放在 *dist* 或 *lib* 目錄中。

TypeScript 的 outDir 編譯器選項指定為輸出到不同的根目錄。輸出檔案保存在與輸入檔案相關的目錄結構之中。

例如，在上一個例子的目錄中執行 tsc --outDir dist，輸出將會放在 *dist/* 資料夾中：

```
dist/
  fruits/
    apple.js
  vegetables/
    zucchini.js
fruits/
  apple.ts
vegetables/
  zucchini.ts
```

TypeScript 從根目錄開始，透過搜尋所有輸入檔案（不包括 *.d.ts* 宣告檔案）的個別路徑，計算出可讓所有檔案路徑都共有的位置，來放置輸出檔案。這表示將所有輸入原始碼放在單一目錄中的專案，TypeScript 會把該目錄視為根目錄。

例如，如果將上面範例的所有輸入放在 *src/* 目錄中，並使用 --outDir lib，輸出檔案將會被建立在 *lib/fruits/apple.js* 而不是 *lib/src/fruits/apple.js*：

```
lib/
  fruits/
    apple.js
  vegetables/
    zucchini.js
src/
  fruits/
```

```
        apple.ts
    vegetables/
        zucchini.ts
```

還有一個 rootDir 編譯器選項來明確指定根目錄的位置,但它很少需要與 . 或 src 一起使用。

target

TypeScript 所輸出的 JavaScript 程式碼,能夠支援執行在 ES3(大約 1999 年!)之前的環境中。然而目前大多數環境,都能夠支援一些新穎版本的 JavaScript 語法特性。

TypeScript 包含一個 target(目標)編譯器選項,用於指定轉譯為不同版本的 JavaScript 程式碼。由於向下相容的因素,在未指定 target 時,預設為「es3」,並且 tsc --init 預設指定「es2016」,但通常建議使用每個目標平台可能出現的最新 JavaScript 語法版本。在舊環境中支援更新的 JavaScript 功能,需要建立更多額外的程式碼,會導致檔案大小略顯得大一些,執行時性能會差一點。

截至 2022 年,為全球使用者提供服務的瀏覽器,幾乎絕大多數的版本,在過去一年內至少支援所有 ECMAScript 2019 和部分 ECMAScript 2020-2021 的特性,而 Node.js 的 LTS 版本,則是支援所有 ECMAScript 2021 的特性。因此通常會將 target 設定與「es2019」相同的支援程度。

例如,以這個 TypeScript 原始碼為例,其中包含 ES2015 的 const 和 ES2020 的 ?? 空值合併(nullish coalescing):

```
function defaultNameAndLog(nameMaybe: string | undefined) {
  const name = nameMaybe ?? "anonymous";
  console.log("From", nameMaybe, "to", name);
  return name;
}
```

使用 tsc --target es2020 或更高的版本,才能使得 const 和 ?? 獲得語法功能的支援,因此 TypeScript 只需要從程式碼中刪除 string | undefined 片段:

```
function defaultNameAndLog(nameMaybe) {
  const name = nameMaybe ?? "anonymous";
  console.log("From", nameMaybe, "to", name);
  return name;
}
```

使用 tsc --target es2015 到 es2019 之間的版本，?? 在舊版本的 JavaScript 中，語法會被編譯成等價的程式碼：

```
function defaultNameAndLog(nameMaybe) {
    const name = nameMaybe !== null && nameMaybe !== void 0
        ? nameMaybe
        : "anonymous";
    console.log("From", nameMaybe, "to", name);
    return name;
}
```

使用 tsc --target es3 或 es5，其中 const 還需要轉換為等效的 var：

```
function defaultNameAndLog(nameMaybe) {
    var name = nameMaybe !== null && nameMaybe !== void 0
        ? nameMaybe
        : "anonymous";
    console.log("From", nameMaybe, "to", name);
    return name;
}
```

將 target 編譯器選項指定為，符合我們程式碼所需要執行環境中，最舊的版本。將確保程式碼以現代、簡潔的語法產生出來，並且可以在沒有語法錯誤的情況下執行。

發出宣告

第 11 章「宣告檔案」，將介紹如何在套件中發佈 *.d.ts* 宣告檔案，來向外部使用者呈現程式碼型別。大多數套件使用 TypeScript 的 declaration 編譯器選項，會從原始碼取得資訊，之後產生 *.d.ts* 的宣告輸出檔案：

```
tsc --declaration
```

```
{
  "compilerOptions": {
    "declaration": true
  }
}
```

會依據 outDir 的規則設定，將產生的 *.d.ts* 與 *.js* 檔案置於相同的輸出路徑之中。

例如，在包含 *fruits/apple.ts*、*vegetables/zucchini.ts* 的目錄中，執行 tsc --declaration，將輸出宣告檔案 *fruits/apple.d.ts*、*vegetables/zucchini.d.ts* 以及 *.js* 檔案：

```
fruits/
  apple.d.ts
  apple.js
```

```
    apple.ts
  vegetables/
    zucchini.d.ts
    zucchini.js
    zucchini.ts
```

emitDeclarationOnly

還有一個 emitDeclarationOnly 選項，作為專屬於編譯器 declaration 的額外宣告，告知 TypeScript 只產生宣告檔案：也就是不產生 .js 和 .jsx 檔案。這對於某些專案，使用外部工具產生 JavaScript，卻又仍然想使用 TypeScript 輸出定義檔案，是很有幫助的：

```
tsc --emitDeclarationOnly
```

```
{
  "compilerOptions": {
    "emitDeclarationOnly": true
  }
}
```

如果開啟 emitDeclarationOnly，則必須開啟本章後面所介紹的宣告並搭配其他編譯器選項。

例如，在包含 *fruits/apple.ts*、*vegetables/zucchini.ts* 的目錄中，執行 tsc --declaration --emitDeclarationOnly，將輸出宣告檔案 *fruits/apple.d.ts*、*vegetables/zucchini.d.ts* 並且不會輸出任何 .js 檔案：

```
fruits/
  apple.d.ts
  apple.ts
vegetables/
  zucchini.d.ts
  zucchini.ts
```

原始碼映射

原始碼映射是用於輸出檔案與原始檔案的內容，兩者之間對照的描述。它們允許開發人員使用除錯工具，在瀏覽輸出檔案時，顯示原始的程式碼。對於視覺化的除錯工具來說特別好用，例如在瀏覽器開發工具和 IDE 中使用的除錯工具，可以讓我們在除錯時檢視原始檔案內容。TypeScript 可以在輸出檔案旁，輸出原始碼映射檔案。

sourceMap

TypeScript 的 sourceMap 編譯器選項，允許在 *.js* 或 *.jsx* 旁邊輸出 *.js.map* 或 *.jsx.map* 原始碼映射輸出檔案。原始碼映射檔案與對應的 JavaScript 輸出檔案，將被賦予相同的名稱，並放置在同一個目錄中。

例如，在包含 *fruits/apple.ts*、*vegetables/zucchini.ts* 的目錄中，執行 tsc --sourceMap，會產生輸出原始碼映射檔案 *fruits/apple.js.map*、*vegetables/zucchini.js.map* 以及 *.js* 檔案：

```
fruits/
  apple.js
  apple.js.map
  apple.ts
vegetables/
  zucchini.js
  zucchini.js.map
  zucchini.ts
```

宣告映射

TypeScript 還能夠替 *.d.ts* 宣告產生原始碼映射檔案。declarationMap 編譯器選項，表示為每個 *.d.ts* 的原始檔案，產生一個 *.d.ts.map* 原始碼映射。宣告映射讓 VS Code 等 IDE，在使用移至定義（Go to Definition）等編輯器功能時，可以快速轉移到原始檔案。

 在處理專案參考時，declarationMap 非常實用，本章後面將會介紹。

例如，在包含 *fruits/apple.ts*、*vegetables/zucchini.ts* 的目錄中，執行 tsc --declaration --declarationMap，將輸出宣告原始碼映射檔案 *fruits/apple.d.ts.map*、*vegetables/zucchini.d.ts.map* 以及 *.d.ts* 和 *.js* 檔案：

```
fruits/
  apple.d.ts
  apple.d.ts.map
  apple.js
  apple.ts
vegetables/
  zucchini.d.ts
  zucchini.d.ts.map
  zucchini.js
  zucchini.ts
```

noEmit

對於某些完全依賴其他工具、編譯原始碼輸出 JavaScript 的專案，需要告知 TypeScript 完全跳過前面章節所討論的相關檔案。此時開啟 noEmit 編譯器選項，會指示 TypeScript 純粹充當型別檢查工具。

在前面的任何範例上執行 tsc --noEmit，都不會建立額外新的檔案。TypeScript 只會回報它所發現的任何語法或型別錯誤。

型別檢查

大多數 TypeScript 的配置設定選項，都會控制型別檢查。我們可以配置為自由且寬鬆，只有在完全確保錯誤時發出型別檢查訊息；或是配置為嚴格且苛刻，要求所有程式碼都擁有明確良好的表達。

lib

首先 TypeScript 在執行時，會依照 lib 編譯器選項進行配置，來決定環境中存在哪些全域的 API 可以使用。其中接受字串陣列，預設為 target 編譯器選項，以及表示包括瀏覽器型別的 dom。

大多數時候，自行定義的 lib 專案，往往不在瀏覽器中執行，是刪除 dom 的主要因素之一：

```
tsc --lib es2020

{
  "compilerOptions": {
    "lib": ["es2020"]
  }
}
```

或是對於使用 polyfill 在舊有環境中，讓專案獲得更新 JavaScript API 的支援。lib 選項還可以包含 dom 和 ECMAScript 的任何版本：

```
tsc --lib dom,es2021
{
  "compilerOptions": {
    "lib": ["dom", "es2021"]
  }
}
```

在沒有提供所有正確執行環境的情況下，修改 lib 所形成的 polyfill 要格外小心。若 lib 設定為 es2021 的專案，在僅支援 ES2020 的平台上執行時，可能沒有型別錯誤，但在嘗試使用 ES2021 或更高版本的 API 定義時，仍會遇到執行時期錯誤，例如 String. replaceAll：

```
const value = "a b c";

value.replaceAll(" ", ", ");
// 錯誤：value 沒有屬性 'replaceAll' 函數。
```

 將 lib 編譯器選項，視為表示哪些內建可用的 API，而 target 編譯器選項，表示存在哪些語法特性。

skipLibCheck

TypeScript 提供了一個 skipLibCheck 編譯器選項，表示在原始碼的宣告檔案中，跳過未明確包含的型別檢查。這對於許多依賴不同專案的應用程式很有幫助，因為這些專案很可能也依賴額外共用不同的程式庫，造成定義上的衝突：

```
tsc --skipLibCheck

{
  "compilerOptions": {
    "skipLibCheck": true
  }
}
```

也可透過 skipLibCheck 允許跳過一些型別檢查，來加速 TypeScript 的性能。因此在大多數專案中，會將它開啟。

嚴格模式

大多數 TypeScript 型別檢查的編譯器選項，都歸類為我們所指的*嚴格模式*（*strict mode*）。每個編譯器的嚴格檢查選項預設為 false，開啟後會在檢查時打開一些額外的檢查項目。

我們將在本章後面，按照字母順序介紹最常用的嚴格選項。從這些選項中，以 noImplicitAny 和 strictNullChecks 在強制執行程式碼型別安全方面特別具有作用。

我們可以透過開啟 strict 編譯器選項，來啟動所有嚴格模式檢查：

```
tsc --strict
```

```
{
  "compilerOptions": {
    "strict": true
  }
}
```

如果想排除某些嚴格檢查，我們可以開啟 strict 模式並且明確指定關閉某些期望排除的檢查項目。例如，以下配置設定開啟除了 noImplicitAny 之外的所有嚴格模式：

```
tsc --strict --noImplicitAny false
```

```
{
  "compilerOptions": {
    "noImplicitAny": false,
    "strict": true
  }
}
```

> TypeScript 在往後的版本可能會在 strict 下，加入新的編譯器嚴格型別檢查選項。因此當更新 TypeScript 版本時，使用 strict 可能會導致新的型別檢查錯誤。而我們始終可以隨時修改 TSConfig 中的特定設定，調整排除某些檢查項目。

noImplicitAny

如果 TypeScript 無法推斷參數或屬性的型別時，那麼將會退回到假設為 any 型別。通常最好的做法是，不允許在程式碼中使用這些不明確的 any 型別，因為 any 型別會繞過 TypeScript 的大部分型別檢查。

noImplicitAny 編譯器選項，告訴 TypeScript 在必須退回到不明確 any 時，發出型別檢查錯誤。

例如，在沒有型別宣告的情況下，撰寫以下函數參數會導致 noImplicitAny 的型別錯誤：

```
const logMessage = (message) => {
  //                ~~~~~~~
  // 錯誤：參數 'message' 隱含了 'any' 型別。
  console.log(`Message: ${message}!`);
};
```

大多數時候，可以透過在錯誤位置添加型別註記，來解決 noImplicitAny 這樣的錯誤：

```
const logMessage = (message: string) => { // 正確
  console.log(`Message: ${message}!`);
}
```

或者，在函數參數中將父函數獨立出來擺放在其他位置上，用以表示函數型別：

```
type LogsMessage = (message: string) => void;

const logMessage: LogsMessage = (message) => { // 正確
  console.log(`Message: ${message}!`);
}
```

noImplicitAny 是一個很棒的功能選項，用於確保整個專案的型別安全。作者強烈建議，在完全使用 TypeScript 撰寫的專案中，請務必開啟它。如果專案仍處在從 JavaScript 轉換到 TypeScript 階段，那麼建議先完成所有檔案都成為 TypeScript，再轉換到其他版本，可能會更容易。

strictBindCallApply

當 TypeScript 首次發佈時，沒有足夠豐富的型別系統功能來表示內建的常用函數，如：Function.apply、Function.bind 或 Function.call。預設情況下，這些函數必須接受 any 作為參數清單，這樣型別就變得不安全了！

例如，在沒有開啟 strictBindCallApply 的情況下，以下的 getLength 在其中都包含 any 型別：

```
function getLength(text: string, trim?: boolean) {
  return trim ? text.trim().length : text.length;
}

// Function type: (thisArg: Function, argArray?: any) => any
getLength.apply;

// 回傳的型別：any
getLength.bind(undefined, "abc123");

// 回傳的型別：any
getLength.call(undefined, "abc123", true);
```

如今 TypeScript 的型別系統功能足夠強大，可以表示這些函數一般的剩餘參數，促使 TypeScript 允許選擇對函數使用更嚴格的型別。

開啟 strictBindCallApply 後，可以為 getLength 的變化開啟更精確的型別分析：

```
function getLength(text: string, trim?: boolean) {
  return trim ? text.trim().length : text;
}

// Function 型別：
// (thisArg: typeof getLength, args: [text: string, trim?: boolean]) => number;
getLength.apply;

// 回傳的型別：(trim?: boolean) => number
getLength.bind(undefined, "abc123");

// 回傳的型別：number
getLength.call(undefined, "abc123", true);
```

在實作中 TypeScript 最好的方式是開啟 strictBindCallApply。能改進內建函數工具的型別檢查，因此有助於提高專案程式的型別安全。

strictFunctionTypes

strictFunctionTypes 編譯器選項，會對函數參數型別進行更嚴格的檢查。如果函數型別的參數，是其他參數型別的子型別，則該函數型別將不再被視為可指派給其他函數型別。

這裡有一個具體的例子，checkOnNumber 函數應該能夠接收一個 number | string 的函數，但所提供的 stringContainsA 函數中，卻只接受 string 型別的參數。在 TypeScript 的預設型別檢查過程將會通過，並且程式會因嘗試對數字執行 .match() 而當機：

```
function checkOnNumber(containsA: (input: number | string) => boolean) {
  return containsA(1337);
}

function stringContainsA(input: string) {
  return !!input.match(/a/i);
}

checkOnNumber(stringContainsA);
```

在開啟 strictFunctionTypes 情況下，checkOnNumber(stringContainsA) 會導致型別檢查錯誤：

```
// 錯誤：型別 '(input: string) => boolean' 的引數
// 不可指派給型別 '(input: string | number) => boolean' 的參數。
//   參數 'input' 和 'input' 的型別不相容。
```

```
//    型別 'string | number' 不可指派給型別 'string'。
//        型別 'number' 不可指派給型別 'string'。
checkOnNumber(stringContainsA);
```

 以技術角度來說，函數參數從雙變量（*bivariant*）切換到逆變量
（*contravariant*）。可以在 TypeScript 2.6 所發佈說明文件（*https://www.typescriptlang.org/docs/handbook/release-notes/typescript-2-6.html*）中找到
相關資訊。

strictNullChecks

回到第 3 章「聯集與字面」，之前提到程式語言中價值數十億美元的錯誤：允許將諸如
null 和 undefined 之類的空型別指派給非空型別。關閉 TypeScript 的 strictNullChecks
選項，在程式碼中的每種型別會增加 null | undefined，將導致任何變數都允許接收
null、undefined。

只有在開啟 strictNullChecks 時，此程式碼片段才會因為將 null 指派給 string 型別，
導致型別錯誤：

```
let value: string;

value = "abc123"; // Always ok

value = null;
// 開啟選項 strictNullChecks
// 錯誤：型別 'null' 不可指派給型別 'string'。
```

因此，開啟 strictNullChecks 也是實作 TypeScript 最妥善的方式之一。如此有助於防止
當機，並避免數十億美元的錯誤。

有關詳細內容，請參閱第 3 章「聯集與字面」。

strictPropertyInitialization

在第 8 章「類別」中，我們討論在類別中的嚴格初始化檢查：確保類別上的每個屬性都
在建構函數中是明確可指派的。TypeScript 的 strictPropertyInitialization 功能選項，
會導致在沒有初始化程式，且在建構函數中未明確指派的類別屬性上，產生型別錯誤。

strictPropertyInitialization 在 TypeScript 通常是開啟。這樣做有助於避免因為類別初
始化邏輯錯誤導致的不必要當機。

有關詳細內容，請參閱第 8 章「類別」。

useUnknownInCatchVariables

任何語言的錯誤處理本質上都是不安全的概念。依照理論而言，任何函數都可以從極端情況下拋出任何的錯誤，例如讀取到 undefined 的屬性或使用者自行撰寫的 throw 語句。事實上，甚至不能保證拋出的錯誤是一個 Error 類別的實體：然而程式碼總是可以 throw「某些東西」。

因此，TypeScript 對錯誤的預設行為是給它們 any 型別，因為它們可以是任何東西。預設情況下加大了對錯誤處理的靈活性，但卻必須依賴非常不安全的 any 型別。

以下程式碼片段的錯誤是 any，因為 TypeScript 無法知道 someExternalFunction() 拋出所有可能的錯誤是什麼：

```
try {
  someExternalFunction();
} catch (error) {
  error; // 預設型別：any
}
```

在技術上來說，any 與大多數使用的情況一樣，通常需要以明確型別斷言或縮小型別範圍作為代價，將錯誤視為 unknown，才會更為合理。可以將抓取錯誤的語句註記為 any 或 unknown 型別。

修改此段程式碼增加一個明確的：unknown 型別的 error，使得一切都將切換到 unknown 型別：

```
try {
  someExternalFunction();
} catch (error: unknown) {
  error; // 型別：unknown
}
```

如果開啟 useUnknownInCatchVariables 功能選項，TypeScript 會預設將抓取語句的 error 型別修改為 unknown。開啟 useUnknownInCatchVariables 後，程式片段的 error 型別都將設定為 unknown。

開啟 useUnknownInCatchVariables，也是實作 TypeScript 較為妥善的方式之一，因為假設錯誤是任何特定型別，這並不總是安全的。

模組

JavaScript 用於匯出（export）和匯入（import）模組內容於各種系統中——AMD、CommonJS、ECMAScript 等，是任何現代編譯程式語言中最複雜的模組系統之一。相較於其他程式語言來說，JavaScript 顯得更為特殊，因為檔案相互匯入內容的方式，通常是由使用者撰寫的操作框架（如 Webpack）所驅使。TypeScript 盡可能地提供最多的配置設定選項，讓使用者搭配出最合理的模組配置。

新一點的 TypeScript 專案，大多數都是使用標準化的 ECMAScript 模組語法所撰寫的。以下是 ECMAScript 模組如何從另一個模組（`"my-example-lib"`）匯入數值（`value`），並再匯出它們自己的數值（`logValue`）：

```
import { value } from "my-example-lib";

export const logValue = () => console.log(value);
```

module

TypeScript 提供一個模組編譯器選項，用來表示將使用哪一種模組系統轉譯程式碼。當使用 ECMAScript 模組撰寫原始碼時，TypeScript 可能會根據 `module` 數值，將 export（匯出）和 import（匯入）的語句轉換為不同的模組系統。

例如，用 ECMAScript 撰寫的專案在命令列中輸出為 CommonJS 模組：

```
tsc --module commonjs
```

或在 TSConfig 中：

```
{
  "compilerOptions": {
    "module": "commonjs"
  }
}
```

前面的程式碼大致上會輸出如下：

```
const my_example_lib = require("my-example-lib");
exports.logValue = () => console.log(my_example_lib.value);
```

如果我們的 `target` 編譯器選項是 `es3` 或 `es5`，則模組的預設值為 `commonjs`。否則 `module` 預設將以 `es2015` 作為 ECMAScript 模組輸出。

moduleResolution

模組解析（*Module resolution*）是在匯入路徑中搜尋，並將模組匯入的過程。TypeScript 提供了一個 `moduleResolution` 選項，可以讓我們指定其中過程的邏輯。通常我們希望提供以下兩種匯入邏輯，並選擇其中之一：

- `node`：採用 CommonJS 解析行為，例如傳統的 Node.js
- `nodenext`：為 ECMAScript 模組指定的解析行為

這兩種解析策略是相似的。大多數專案可以使用其中的任何一種，而不會察覺到兩者之間的差異。我們可以在 *https://www.typescriptlang.org/docs/handbook/module-resolution.html* 找到更多資訊，關於其背後模組解析的複雜動作。

 `moduleResolution` 不會改變 TypeScript 產生程式碼的方式。它僅用於描述我們的程式碼，要在其中哪一種環境中執行。

以下 CLI 命令和 JSON 檔案內容片段，都可以指定 `moduleResolution` 編譯器選項：

```
tsc --moduleResolution nodenext
```

```
{
  "compilerOptions": {
    "moduleResolution": "nodenext"
  }
}
```

 為了向下相容性，TypeScript 允許將預設 `moduleResolution` 使用 `classic` 數值，在多年以前的專案上。幾乎可以肯定的是，在現今的任何專案中不會使用 `classic`。

與 CommonJS 的互通性

使用 JavaScript 模組時，模組的「預設（default）」匯出與其「命名空間（namespace）」輸出之間存在某些差異。模組的預設匯出，是其匯出物件的 `.default` 屬性。模組的命名空間匯出，是匯出的物件本身。

表 13-2 整理出預設和命名空間匯出與匯入之間的區別。

表 13-2　CommonJS 和 ECMAScript 模組匯出和匯入的格式

語法區域	CommonJS	ECMAScript modules
預設匯出	module.exports.default = value;	export default value;
預設匯入	const { default: value } = require("...");	import value from "...";
命名空間匯出	module.exports = value;	不支援
命名空間匯入	const value = require("...");	import * as value from "...";

TypeScript 的型別系統，根據 ECMAScript 模組來建立對檔案匯入和匯出的分析規則。但是，如果我們的專案像大多數一樣，都是依賴 npm 套件，那麼這些互相依賴的套件專案中，仍然可能有一些是以 CommonJS 模組的方式發佈。此外，儘管一些符合 ECMAScript 模組規則的套件，會避免套件含預設匯出，但許多開發人員更喜歡簡潔預設匯入的作法，而非以命名空間匯入的作法。TypeScript 含有一些編譯器選項，可提高模組格式之間的互通性。

esModuleInterop

當 module 不是 es2015、esnext 等 ECMAScript 格式時，配置選項 esModuleInterop 會讓 TypeScript 產生少量的程式碼邏輯額外附加在 JavaScript 中。這樣的邏輯，即使不遵守預設或命名空間的匯入規則，也可讓 ECMAScript 模組從另一個模組中匯入。

開啟 esModuleInterop 的一個常見原因，是用於諸如 react 之類，不提供預設匯出的套件。如果模組嘗試使用 react 套件中的預設匯入，TypeScript 將在未開啟 esModuleInterop 的情況下回報型別錯誤：

```
import React from "react";
//     ~~~~~
// 模組 '"file:///node_modules/@types/react/index"'
// 只能使用 'esModuleInterop' 標誌預設匯入
```

請注意 esModuleInterop 會直接變更，額外產生與匯入一起使用的 JavaScript 程式碼。以下 allowSyntheticDefaultImports 配置選項，控制著有關型別系統匯入互通性的資訊。

allowSyntheticDefaultImports

allowSyntheticDefaultImports 編譯器選項，告知型別系統 ECMAScript 模組，預設可由不相容的 CommonJS 命名空間所匯出的檔案中，做模組匯入。

當以下任何一個條件規則為 true 時，預設才為開啟：

- 當 module 是 system（一種較舊、很少使用的模組格式，本書並未討論）。
- 當 esModuleInterop 為 true，並且 module 不是 es2015、esnext 之類的 ECMAScript 模組格式。

換句話說，如果 esModuleInterop 為 true，但 module 為 esnext，TypeScript 將會假定輸出編譯的 JavaScript 程式碼不使用匯入互通性的協助。以下會回報從套件（如 react）匯入預設型別的錯誤：

```
import React from "react";
// 模組 '"file:///node_modules/@types/react/index"'
// 只能使用 'allowSyntheticDefaultImports' 標誌預設匯入
```

isolatedModules

一次只對一個檔案進行操作的外部轉譯器（例如 Babel）是不能使用型別系統資訊來產生 JavaScript。因此，那些轉譯器通常不支援 TypeScript 型別資訊，來產生 JavaScript 的語法功能。開啟 isolatedModules 編譯器選項，會告訴 TypeScript 回報任何可能導致這些轉譯器出現問題的語法錯誤：

- 常數列舉（enum），在第 14 章「語法擴充」中介紹
- 指令稿（非模組形式）的檔案
- 匯出獨立型別，在第 14 章「語法擴充」中介紹

如果我們的專案使用 TypeScript 以外的工具做轉譯，通常建議開啟 isolatedModules。

JavaScript

雖然 TypeScript 很好用，也用來撰寫程式碼，但我們不必撰寫所有原始碼。儘管預設情況下 TypeScript 會忽略具有 .js、.jsx 延伸副檔名的檔案，但若使用 allowJs、checkJs 編譯器選項，將允許讀取、編譯它們，甚至有限度處理 JavaScript 檔案中的型別檢查。

將現有 JavaScript 專案轉換為 TypeScript 的常見策略，一開始是從最初的幾個檔案轉換為 TypeScript。隨著時間過去，可能會有更多檔案，直到沒有更多的 JavaScript 檔案。因此我們不必一口氣完成！

allowJs

allowJs 編譯器選項允許在 JavaScript 檔案宣告的結構中，視為如 TypeScript 的型別檢查，因此當與 jsx 編譯器選項結合使用時，還可以使用 *.jsx* 檔案。

例如，將這個 *index.ts* 匯入 *values.js* 檔案中宣告的 value：

```
// index.ts
import { value } from "./values";

console.log(`Quote: '${value.toUpperCase()}'`);

// values.js
export const value = "We cannot succeed when half of us are held back.";
```

如果沒有開啟 allowJs，語句 import 將無法獲得已知型別。預設情況下，會觸發不明確的 any 型別錯誤，例如「找不到模組 ./values 的宣告檔案。」

allowJs 還會將 JavaScript 檔案添加到編譯 ECMAScript 目標，並且作為輸出到檔案清單中。如果開啟相關選項，也會產生原始碼映射和宣告檔案：

```
tsc --allowJs

{
  "compilerOptions": {
    "allowJs": true
  }
}
```

開啟 allowJs 後，匯入的 value 將是 string 型別。不會回報型別錯誤。

checkJs

TypeScript 可以做的不僅僅是將 JavaScript 檔案納入 TypeScript 的型別檢查：它也可以直接提供 JavaScript 檔案做檢查。checkJs 編譯器選項有兩個目的：

- 如果尚未調整，則 allowJs 預設為 true
- 在 *.js*、*.jsx* 檔案上開啟型別檢查

開啟 checkJs 會使得 TypeScript 將檔案視為沒有任何 TypeScript 特定語法的 JavaScript 檔案。型別不一致、變數名稱拼字錯誤等等，就如同符合規則在 TypeScript 檔案中一樣，但它們都會導致型別錯誤：

```
tsc --checkJs

{
  "compilerOptions": {
    "checkJs": true
  }
}
```

開啟 checkJs 之後，以下的 JavaScript 檔案，將回報變數名稱的型別檢查錯誤：

```
// index.js
let myQuote = "Each person must live their life as a model for others.";

console.log(quote);
//          ~~~~~
// 錯誤：找不到名稱 'quote'。指的是 'myQuote' 嗎？
```

如果未開啟 checkJs，TypeScript 將不會回報任何可能的型別錯誤。

@ts-check

另一個方式，可透過在檔案開頭加入 // @ts-check 的註解，來對檔案逐一開啟 checkJs。這樣做只針對單一的 JavaScript 檔案開啟 checkJs 選項：

```
// index.js
// @ts-check
let myQuote = "Each person must live their life as a model for others.";

console.log(quote);
//          ~~~~~~~
// 錯誤：找不到名稱 'quote'。指的是 'myQuote' 嗎？
```

JSDoc 支援

由於 JavaScript 沒有如同 TypeScript 一般豐富的型別語法，因此 JavaScript 檔案中宣告的數值型別，通常不如 TypeScript 檔案中來得精確。例如，雖然 TypeScript 可以推斷在 JavaScript 檔案中宣告為物件的變數值，但原生 JavaScript 方法沒有可以約束宣告該數值需符合任何特定介面。

在第 1 章「從 JavaScript 到 TypeScript」中，提到 JSDoc 社群提供一些使用標準註解來描述型別的方法。當開啟 allowJs、checkJs 時，TypeScript 將辨別程式碼中任何 JSDoc 的定義部分。

例如這段在 JSDoc 中的程式，宣告 sentenceCase 函數接受一個 string。然後 TypeScript
可以推斷它回傳一個 string。開啟 checkJs 後，TypeScript 會知道稍後將 string[] 傳遞
進去，並回報型別錯誤：

```js
// index.js

/**
 * @param {string} text
 */
function sentenceCase(text) {
    return `${text[0].toUpperCase()} ${text.slice(1)}.`;
}

sentenceCase("hello world");// Ok

sentenceCase(["hello", "world"]);
//            ~~~~~~~~~~~~~~~~~
// 錯誤：型別 'string[]' 的參數不可指派給 'string' 型別的參數。
```

TypeScript 在 JSDoc 上的支援，對於那些沒有時間或需熟悉轉換為 TypeScript 的專案開
發人員來說，這樣漸進式的添加型別檢查，變得相當實用。

 支援 JSDoc 語法的完整說明，可參考 *https://www.typescriptlang.org/docs/
handbook/jsdoc-supported-types.html*。

配置設定擴充

隨著撰寫越來越多的 TypeScript 專案，可能會發現自己持續重複撰寫相同的專案設定。
儘管 TypeScript 撰寫配置檔案時，不允許使用 JavaScript 以及使用 import 或 require，但
TSConfig 檔案提供另一種機制，可以選擇從其他配置設定檔案「擴充」或複製設定的
數值。

extends

我們可以使用 extends 屬性，將配置設定選項從另一個 TSConfig 延伸過來。extends 接
受另一個 TSConfig 檔案的路徑，並表示複製該檔案中的所有設定。它的行為類別似於
類別上的 extends 關鍵字：在衍生或子配置設定上的任何宣告選項都將覆蓋基礎選項或
父配置設定上的任何同名選項。

例如，某個 monorepo 架構程式碼儲存庫，其中包含多個 *packages/** 目錄，並具有多個 TSConfig 檔案。按照慣例會以 *tsconfig.json* 建立一個 *tsconfig.base.json* 檔案。作為檔案擴充的基礎來源：

```
// tsconfig.base.json
{
  "compilerOptions": {
    "strict": true
  }
}

// packages/core/tsconfig.json
{
  "extends": "../../tsconfig.base.json",
  "includes": ["src"]
}
```

請注意 compilerOptions 屬性是有遞迴的作用。來自 TSConfig 的每個基本編譯器選項，都將復製到其他衍生的 TSConfig，除非衍生的 TSConfig 覆寫某個特定選項。

如果前面的範例中要增加一個 allowJs 選項的 TSConfig，則新衍生的 TSConfig 仍會將 compilerOptions.strict 設定為 true：

```
// packages/js/tsconfig.json
{
  "extends": "../../tsconfig.base.json",
  "compilerOptions": {
    "allowJs": true
  },
  "includes": ["src"]
}
```

擴充模組

extends 屬性可以使用任何一種 JavaScript 匯入方式：

絕對路徑

> 以 @ 或其他字母開頭的路徑

相對路徑

> 以 . 開頭的本地檔案的路徑

當 extends 數值為絕對路徑時，表示從 npm 模組擴充 TSConfig。TypeScript 將使用一般的 Node 系統模組解析，來搜尋與名稱符合的套件。如果該套件的 package.json 檔案，在套件相對路徑的欄位中，包含一個「tsconfig」字串，則將使用該路徑處的 TSConfig 檔案。相反的若沒有，則將使用套件本身的 *tsconfig.json* 檔案。

許多組織使用 npm 套件，來標準化 TypeScript 編譯器選項，達成跨儲存庫或組成 monorepo 架構。以下 TSConfig 檔案是我們可以在 @my-org 組織中，依照 monorepo 架構所做的設定。packages/js 需要指定 allowJs 編譯器選項，而 packages/ts 則不會改變：

```
// packages/tsconfig.json
{
  "compilerOptions": {
    "strict": true
  }
}

// packages/js/tsconfig.json
{
  "extends": "@my-org/tsconfig",
  "compilerOptions": {
    "allowJs": true
  },
  "includes": ["src"]
}

// packages/ts/tsconfig.json
{
  "extends": "@my-org/tsconfig",
  "includes": ["src"]
}
```

基礎配置設定

建議可以從針對特定執行時所需的環境，來制訂「基礎」的 TSConfig 檔案作為初始的基石，而非從頭開始建立自己的設定配置或從 --init 命令。這些預先設定配置好的程式庫可在 npm 套件中，以前綴 @tsconfig/ 文字作為註冊的套件資料庫中找到，例如 @tsconfig/recommended 或 @tsconfig/node16。

例如，要為 deno 安裝所推薦的 TSConfig 基礎配置設定：

```
npm install --save-dev @tsconfig/deno
# 或
yarn add --dev @tsconfig/deno
```

一旦安裝基礎配置套件後，就可以像任何其他 npm 擴充套件一樣，參考使用它們：

```
{
    "extends": "@tsconfig/deno/tsconfig.json"
}
```

TSConfig 的完整文件明細，在 *https://github.com/tsconfig/bases* 上可找到。

> 通常完整理解檔案所使用的 TypeScript 配置選項，是一個好點子，即使我們不需要修改它們。

專案參考

到目前為止所看到的每個 TypeScript 設定配置檔案，都是假設它們管理專案的所有原始碼。在較大的專案中，替專案的不同區域使用不同的配置檔案，也可能會發生的。TypeScript 定義了一個「專案參考（project reference）」系統，其中可以允許多個專案一起建構。設定專案參考，比使用單一 TSConfig 檔案還要多一些處理的工作，但有幾個關鍵好處：

- 我們可以為某些程式碼區域指定不同的編譯器選項。

- TypeScript 將能夠暫存單一專案在建構時的輸出，這通常會顯著減少大型專案所需要的建構時間。

- 專案參考，強制執行「相依樹」（dependency tree，僅允許某些專案從另一些其他專案中匯入檔案），這有助於分散式建構程式碼的環境。

> 專案參考通常用於具有多個不同程式碼區域的大型專案，例如 monorepo 架構和模組化的元件系統。不會將它們用於只有幾十個檔案的小型專案。

以下三個部分將瞭如何建構專案設定，來開啟適合的專案參考：

- 在 TSConfig 上的 composite 模式強制以適合多種 TSConfig 建構模式的方式工作。

- 在 TSConfig 中的 references 表示它依賴於哪些 TSConfig 來合成。

- 建構模式使用合成的 TSConfig 參考來協調建構相關的檔案。

composite

TypeScript 允許專案選擇 composite 配置選項,用來表示系統的檔案輸入和輸出遵守限制,使得建構工具更容易比較檔案版本,確保建構輸出與其建構輸入維持最新的狀態。當 composite 為 true 時:

- rootDir 設定(如果尚未設定)預設為包含 TSConfig 檔案的目錄。
- 所有實作檔案必須符合檔案比對樣式或條列在 files 陣列中。
- declaration 必須開啟。

以下設定配置的部分內容,表示符合在 core/ 目錄中,開啟所有條件的 composite 模式:

```
// core/tsconfig.json
{
  "compilerOptions": {
    "declaration": true
  },
  "composite": true
}
```

這些修改有助於 TypeScript 專案的所有輸入檔案,都強制建立一個符合的 .d.ts 檔案。composite 通常與以下 references 配置設定選項,相互結合使用,獲得最大效用。

references

TypeScript 專案在其 TSConfig 中設定 references 選項,可以表示依賴於其他 TypeScript 專案來合成產生輸出。在型別系統中,從參考的專案中匯入模組,也就是從輸出的 .d.ts 宣告檔案中匯入。

這個配置設定在一個 *shell/* 目錄,用來參考另一個 *core/* 目錄作為它的輸入:

```
// shell/tsconfig.json
{
  "references": [
    { "path": "../core" }
  ]
}
```

references 配置選項並不會從基本的 TSConfig 配置透過 extends 複製到衍生的 TSConfig。

references 是最常與以下建構模式結合一起使用。

建構模式

一旦將程式碼範圍設定為使用專案參考，就可以透過 -b/--b 的 CLI 功能選項，提供給 tsc 在「建構」模式下使用。建構模式將成為 tsc 強化專案建構的調節裝置。tsc 能夠根據上次產生專案的內容和檔案輸出的時間，比對已修改的部分，作為專案重新建構的依據。

更精確地說 TypeScript 的建構模式，可指定 TSConfig 在以下時間點執行操作：

1. 找到 TSConfig 的參考專案。

2. 檢測是否是最新的內容。

3. 已過時的部分以正確的順序建構專案。

4. 如果提供的 TSConfig 或其任何相依性專案，若被修改過則建構它。

跳過重新建構維持專案最新狀態的能力，如此可以顯著提高建構效能。

協調設定配置

在程式儲存庫中設定 TypeScript 專案的參考項目，是一種常見的便利作法，這個設定是在根目錄的 tsconfig.json 中包含一個空的 files 陣列，列出所有在程式儲存庫中所需參考的專案。在 TSConfig 的根目錄中，不會告知 TypeScript 建構任何檔案。相反地，只純粹告訴 TypeScript 所依據參考的專案，來做必要的建構。

此 tsconfig.json 例子，表示在程式儲存庫中，建構 packages/core 和 packages/shell 專案：

```
// tsconfig.json
{
  "files": [],
  "references": [
    { "path": "./packages/core" },
    { "path": "./packages/shell" }
  ]
}
```

作者個人喜歡在我的 `package.json` 中有標準化的操作，包含一個名為 build 或 compile 的指令稿，該指令稿呼叫 `tsc -b` 作為捷徑方式：

```json
// package.json
{
  "scripts": {
    "build": "tsc -b"
  }
}
```

建構模式選項

建構模式支援某些特定在建構時使用的 CLI 選項：

- `--clean`：刪除指定專案的輸出（可以與 `--dry` 結合使用）
- `--dry`：僅顯示將要做什麼，但實際上並沒有建構任何東西
- `--force`：將所有專案都視為已過時的狀態
- `-w/--watch`：類似於典型的 TypeScript 監看模式

總結

在本章中，我們理解 TypeScript 提供的許多重要設定配置選項：

- 如何使用 `tsc`，包括其中的美化和監看模式
- 使用 TSConfig 檔案，及使用 `tsc --init` 建立一個新的設定
- 修改 TypeScript 編譯器選項，指定將包含哪些檔案
- 允許 *.tsx* 檔案中的 JSX 語法和 *.json* 檔案中的 JSON 語法
- 使用檔案修改目錄、ECMAScript 目標版本、宣告檔案和原始碼映射檔案的輸出
- 修改編譯中使用內建程式庫的型別
- 嚴格模式和常用的嚴格功能選項，例如 `noImplicitAny` 和 `strictNullChecks`
- 支援不同的模組系統和改變模組解析的方式
- 允許包含 JavaScript 檔案，並選擇對這些檔案進行型別檢查

- 在檔案之間使用 extends 共用設定配置選項

- 使用專案參考和建構模式來編輯安排多個 TSConfig 建構

 現在我們已經閱讀完本章，在 *https://learningtypescript.com/configuration-options* 上，練習所學到的相關內容。

有紀律開發人員最喜歡 *TypeScript* 編譯器的選項是什麼？

嚴格（*strict*）

第四部分

額外學分

JavaScript 已經存在幾十年，人們用它做許多奇怪的事情。使得 TypeScript 的語法和型別系統，需要能夠表示這些奇怪的東西，讓任何 JavaScript 開發人員都能使用 TypeScript。因此在大多數日常的程式碼中是看不到 TypeScript 語言，但在某些角落處理一些型別的專案來說是相對重要，甚至是必須的。

作者個人認為這些部分是語言的「額外學分」，因為我們可以完全避免使用它們，並且仍然是一位高產能的 TypeScript 開發人員。事實上，如果可以的話，在本章最後段落中所介紹的邏輯型別，作者希望讀者們不要經常使用它們。

第十四章

語法擴充

> 「*TypeScript 不會增加 JavaScript*
> *在執行時期的工作負荷。*」
> ……這是騙人的嗎？！

當 TypeScript 於 2012 年首次發佈時，Web 應用程式之複雜性的增長速度，遠遠超過一般 JavaScript 對功能支援及深度的增加。當時最流行的 JavaScript 語言風格是 CoffeeScript，透過引入新穎和令人驚奇的句法結構，讓 JavaScript 與眾不同。

如今，使用更大的超集合語言（如 TypeScript），對於特定執行時期 JavaScript 語法新的特性做擴充，被視為是不好的做法，其原因如下：

- 執行時期語法擴充可能與較新版本 JavaScript 的新語法發生衝突，這一點是最重要的。

- 相較於其他語言，會讓剛接觸的程式人員，更難理解 JavaScript 起始和結束的位置。

- 採用超集合語言所產生出來的程式碼，可能會增加目前手邊 JavaScript 在轉譯過程的複雜性。

因此，作者懷著沉重的心情和深深的遺憾告訴各位，早期的 TypeScript 設計者在語言中替 JavaScript 帶入了三個語法擴充：

- 類別（Classe），在規範核定時與 JavaScript 類別保持一致

- 列舉（enum），一種簡單的語法糖，類似於鍵值和數值的普通物件

- 命名空間（Namespace），一種早期與現代模組的解決方案，用於建構和排列程式碼

慶幸的是，在執行時期 TypeScript 對 JavaScript 語法擴充的「原罪」，並非該語言在開始之初就做出的設計決定。TypeScript 不會在執行時期添加新的語法結構，除非經過 JavaScript 本身核定過，才會增加它們。

TypeScript 的類別其行為，最終看起來幾乎與 JavaScript 類別相同（這有一點事與願違），除了 useDefineForClassFields 行為（本書尚未介紹的配置設定選項）和參數屬性（此處會介紹）。列舉仍在某些專案中使用，因為它們偶爾會使用到。但在新的專案中，幾乎沒有使用命名空間。

TypeScript 還採用一個關於 JavaScript「裝飾器（decorators）」的實驗性提案，後面也會介紹。

類別參數屬性

作者建議避免使用類別參數屬性，除非我們工作在一個大量使用類別的專案中，或者可以從中受益的框架。

在 JavaScript 類別中，會希望在建構函數可以接收參數，並立即將參數指派給類別屬性，這是很常見的作法。

這個例子中，Engineer 類別接受一個 string 型別的 area 參數，並將其指派給 string 型別的 area 屬性：

```
class Engineer {
    readonly area: string;

    constructor(area: string) {
        this.area = area;
        console.log(`I work in the ${area} area.`);
    }
}

// 型別 : string
new Engineer("mechanical").area;
```

TypeScript 包含這些「參數屬性」：型別的縮寫語法，方便用於在宣告類別建構函數的起始處，指派相同型別的數值給成員屬性。在建構函數的參數前面放置 readonly 和存取修飾符號（public、protected 或 private），用來表示 TypeScript 也宣告具有相同名稱和型別的屬性。

前面的 Engineer 範例可以在 TypeScript 中，使用 area 的參數屬性重新寫過：

```
class Engineer {
    constructor(readonly area: string) {
        console.log(`I work in the ${area} area.`);
    }
}

// 型別：string
new Engineer("mechanical").area;
```

參數屬性在一開始的類別建構函數做指派（如果類別衍生自基本類別，會呼叫 super()）。它們可以與類別上的其他參數或屬性混合使用。

以下 NamedEngineer 類別宣告了一個屬性 fullName、參數 name、area：

```
class NamedEngineer {
    fullName: string;

    constructor(
        name: string,
        public area: string,
    ) {
        this.fullName = `${name}, ${area} engineer`;
    }
}
```

以下寫法效果相同，與不帶參數屬性的 TypeScript 看起來很相似，但多了幾行程式碼來明確指派 area：

```
class NamedEngineer {
    fullName: string;
    area: string;

    constructor(
        name: string,
        area: string,
    ) {
        this.area = area;
        this.fullName = `${name}, ${area} engineer`;
    }
}
```

參數屬性是一個在 TypeScript 社群中，時常會爭論的問題。大多數專案更通常會果斷避免使用，因為它們是執行時期的擴充語法，因此具有前面提到的類似缺點。它們也不能與較新一點的 # 類別私有欄位語法一起使用。

另一方面，它們往往存在建立類別的專案中，因為使用起來相當方便。參數屬性一次解決了需要宣告參數屬性名稱和型別的兩個問題，這是 TypeScript 所特有的，而非 JavaScript。

實驗性的裝飾器

 建議讀者盡可能避免使用裝飾器（decorators），直到某個版本的 ECMAScript 裝飾器語法被許可。如果要推薦目前可用的 TypeScript 裝飾器框架版本，例如 Angular 或 NestJS，框架的文件將會指導如何使用它們。

其他許多包含類別特性的程式語言，允許使用某種在執行時期邏輯規則，來加註或裝飾這些類別和其成員，藉以修改它們。裝飾器（*Decorator*）函數是 JavaScript 的一項新的提議，允許透過將 @ 並放置於函數名稱之首，來註解類別及成員。

例如，以下程式碼片段僅顯示在 MyClass 類別上，使用裝飾器的語法：

```
@myDecorator
class MyClass { /* ... */ }
```

裝飾器目前尚未在 ECMAScript 中獲得核准，因此 TypeScript 在 4.7.2 版本中預設不支援它們。但是 TypeScript 其中包含一個 experimentalDecorators 編譯器選項，允許在程式碼中使用這樣的實驗版本。它可以透過 CLI 的 tsc 或在 TSConfig 檔案中開啟，如下所示與其他編譯器選項一樣：

```
{
    "compilerOptions": {
        "experimentalDecorators": true
    }
}
```

只要裝飾的實體被建立，每次使用的裝飾器都會執行一次。每種裝飾器（用於存取、類別、方法、參數和屬性），都會接收一組不同的參數來描述它正在裝飾的實體。

例如，在 Greeter 類別方法上使用的這個 logOnCall 裝飾器，接收 Greeter 類別，而裝飾器本身帶有 log 屬性 key，以及描述屬性的 descriptor 物件。在呼叫 Greeter 類別的原始 greet 方法之前，修改 descriptor.value 來「裝飾」記錄 greet 方法：

```
function logOnCall(target: any, key: string, descriptor: PropertyDescriptor) {
    const original = descriptor.value;
    console.log("[logOnCall] I am decorating", target.constructor.name);

    descriptor.value = function (...args: unknown[]) {
        console.log(`[descriptor.value] Calling '${key}' with:`, ...args);
        return original.call(this, ...args);
    }
}

class Greeter {
    @logOnCall
    greet(message: string) {
        console.log(`[greet] Hello, ${message}!`);
    }
}

new Greeter().greet("you");
// 輸出記錄：
// "[logOnCall] I am decorating", "Greeter"
// "[descriptor.value] Calling 'greet' with:", "you"
// "[greet] Hello, you!"
```

我們不會深入研究討論舊的實驗裝飾器，它們是如何為每種可能的裝飾器型別，在運作上的細微區別及細節。TypeScript 裝飾器是實驗性的支援，並且與 ECMAScript 最新草案的提議是不一致。在任何專案中，撰寫特定專屬的裝飾器很少是見的。

列舉

 建議不要使用列舉，除非有一組經常使用的重複文字，我們可以用一個通用名稱來描述，並且如果切換到列舉，程式碼會更容易閱讀。

大多數程式編譯語言都包含「列舉」或列舉型別的概念，用以表示一組相關數值。列舉可以被認為是儲存在物件中的一組文字數值，每個數值都有一個友善易於理解的名稱。

JavaScript 不包含列舉語法，因為可以使用傳統物件代替它們。例如，HTTP 狀態碼（HTTP Status Code）可以作為數字儲存及使用，但許多開發人員會將它們以一個友善的名稱，儲存成為鍵值的物件，會更具可讀性：

```
const StatusCodes = {
    InternalServerError: 500,
    NotFound: 404,
    Ok: 200,
    // ...
} as const;

StatusCodes.InternalServerError; // 500
```

TypeScript 要模仿列舉物件的棘手之處在於，型別系統中沒有一種很好的方法，用來表示一個數值，它們必須是其中之一的數值。一種常用的手法是使用第 9 章「型別修飾符號」中的 keyof 和 typeof type 修飾符號，將它們組合在一起，但這會導致有相當多的額外語法需要產生。

以下 StatusCodeValue 型別，使用先前的 StatusCodes 數值，來建立其可能的狀態程式碼數值的型別聯集：

```
// 型別：200 | 404 | 500
type StatusCodeValue = (typeof StatusCodes)[keyof typeof StatusCodes];

let statusCodeValue: StatusCodeValue;

statusCodeValue = 200; // Ok

statusCodeValue = -1;
// 錯誤：型別 '-1' 無法將其指派給 'StatusCodeValue'.
```

TypeScript 提供了一種列舉語法，用於建立具有 number 或 string 型別的字面數值之物件。從關鍵字 enum 開始，然後是一個物件的名稱 —— 通常以駝峰式命名（PascalCase）—— 然後是一個 {} 物件，其中包含所需的列舉數值，並以逗號作為分隔符號。每個鍵值都使用 = 作為可選的初始值。

先前範例中的 StatusCodes 物件看起來像這樣的列舉：

```
enum StatusCode {
    InternalServerError = 500,
    NotFound = 404,
    Ok = 200,
}

StatusCode.InternalServerError; // 500
```

與類別名稱一樣，使用諸如 StatusCode 之類的列舉名稱作為型別註記。在這裡，StatusCode 型別的 statusCode 變數可以被賦予 StatusCode.Ok 或數字數值：

```
let statusCode: StatusCode;

statusCode = StatusCode.Ok; // 正確
statusCode = 200; // 正確
```

 TypeScript 可以將任何數字指派給數字列舉值，使用起來會更方便，但犧牲一點型別安全性。前面的程式碼片段中，倘若 statusCode = -1 也是允許的。

列舉在輸出編譯後的 JavaScript，也會產生等效物件。它們的每個成員都成為具有對應數值的物件成員鍵值，反之亦然。

先前的列舉 StatusCode 例子，將會輸出大致如下的 JavaScript：

```
var StatusCode;
(function (StatusCode) {
    StatusCode[StatusCode["InternalServerError"] = 500] = "InternalServerError";
    StatusCode[StatusCode["NotFound"] = 404] = "NotFound";
    StatusCode[StatusCode["Ok"] = 200] = "Ok";
})(StatusCode || (StatusCode = {}));
```

列舉在 TypeScript 社群中是一個爭議話題。它們違反 TypeScript 的一般準則，永遠不會向 JavaScript 添加新的執行時期語法結構。這提供一種新的非 JavaScript 語法讓開發人員學習，在本章後面諸如 preserveConstEnums 之類的選項上有一些特殊用法。

另一方面，對於明確宣告已知數值的集合，將非常有用。列舉在 TypeScript 和 VS Code 原始碼儲存庫中，有相當廣泛的使用！

自動數值

列舉成員不需要有明確的初始值。當省略數值時，TypeScript 將以 0 作為開始的第一個值，並將後續每個數值依序遞增 1。允許 TypeScript 為列舉成員選擇數值，這是一個不錯的選擇，因為數值除了需要唯一，還要避免與鍵值名稱相互聯動。

這個 VisualTheme 列舉，讓 TypeScript 完全選擇數值，產生三個整數：

```
enum VisualTheme {
    Dark, // 0
    Light, // 1
    System, // 2
}
```

輸出的 JavaScript 看起來與明確設定數值相同：

```
var VisualTheme;
(function (VisualTheme) {
    VisualTheme[VisualTheme["Dark"] = 0] = "Dark";
    VisualTheme[VisualTheme["Light"] = 1] = "Light";
    VisualTheme[VisualTheme["System"] = 2] = "System";
})(VisualTheme || (VisualTheme = {}));
```

在具有數值的列舉中，任何未明確配置數值的成員都將比前一個數值多 1。

例如，Direction 列舉，可能只關心其 Top 成員的數值為 1，並且其餘數值只要是正整數即可：

```
enum Direction {
  Top = 1,
  Right,
  Bottom,
  Left,
}
```

與其餘成員在輸出的 JavaScript 結果中，看起來也相同具有 2、3、4 的明確數值表示：

```
var Direction;
(function (Direction) {
    Direction[Direction["Top"] = 1] = "Top";
    Direction[Direction["Right"] = 2] = "Right";
    Direction[Direction["Bottom"] = 3] = "Bottom";
    Direction[Direction["Left"] = 4] = "Left";
})(Direction || (Direction = {}));
```

 修改列舉的順序將導致後面的數字發生變化。如果將這些數值保存在某個地方，例如資料庫，請小心修改列舉順序或刪除項目。數據資料可能會損壞，因為儲存的數字，將不再代表我們程式碼所期望的。

字串數值列舉

列舉也可以使用字串來代替數字。

此 LoadStyle 列舉對其成員使用友善的字串數值：

```
enum LoadStyle {
    AsNeeded = "as-needed",
    Eager = "eager",
}
```

具有字串成員的列舉，其輸出的 JavaScript，在結構上看起來與具有數字成員的列舉大至相同：

```
var LoadStyle;
(function (LoadStyle) {
    LoadStyle["AsNeeded"] = "as-needed";
    LoadStyle["Eager"] = "eager";
})(LoadStyle || (LoadStyle = {}));
```

字串列舉，因為帶有容易閱讀的名稱，時常作為共用常數的別名，使用起來更加便利。字串列舉其目的不是為了操作文字的型別聯集，而是讓更強大的編輯器自動補齊與重新命名這些屬性，在第 12 章「使用 IDE 功能」中提及過。

字串列舉的一個缺點，字串成員其數值無法由 TypeScript 自動計算。自動計算只允許具有跟隨數值的列舉成員。

TypeScript 將能夠將以下列舉中的 ImplicitNumber 提供數值 9001，因為之前的成員值是數字 9000，但 NotAllowed 成員則會產生錯誤，因為前面跟隨的成員是字串數值：

```
enum Wat {
    FirstString = "first",
    SomeNumber = 9000,
    ImplicitNumber, // 正確 (value 9001)
    AnotherString = "another",

    NotAllowed,
    // 錯誤：列舉成員必須有初始設定式。
}
```

 理論上，我們可以使用數字和字串成員建立一個列舉。但這樣的列舉，可能會造成不必要的混亂，因此不應該這樣做。

常數列舉

因為列舉建立了一個執行時期的物件，所以使用它們會比聯集的文字數值更為常見，讓我們有更多替代程式碼的策略。TypeScript 允許在列舉之前，使用 const 修飾符號宣告列舉，告知 TypeScript 從編譯的 JavaScript 程式碼中，省略其物件定義和屬性的搜尋。

這裡的 DisplayHint 列舉作用在 displayHint 變數的數值之上：

```
const enum DisplayHint {
    Opaque = 0,
    Semitransparent,
    Transparent,
}

let displayHint = DisplayHint.Transparent;
```

輸出編譯後的 JavaScript 程式碼，將完全見不到列舉宣告，並將使用列舉作為數值的註解：

```
let displayHint = 2 /* DisplayHint.Transparent */;
```

對於仍然需要建立列舉物件定義的專案，仍存在一個 preserveConstEnums 編譯器選項，它可以使列舉宣告本身保持存在。會導致數值仍將直接使用文字，而非在列舉物件上存取它們。

前面的程式碼片段仍然會在其編譯的 JavaScript 輸出中，忽略屬性的搜尋：

```
var DisplayHint;
(function (DisplayHint) {
    DisplayHint[DisplayHint["Opaque"] = 0] = "Opaque";
    DisplayHint[DisplayHint["Semitransparent"] = 1] = "Semitransparent";
    DisplayHint[DisplayHint["Transparent"] = 2] = "Transparent";
})(DisplayHint || (DisplayHint = {}));

let displayHint = 2 /* Transparent */;
```

preserveConstEnums 可以幫助減少產生的 JavaScript 程式碼的大小，但並非支援所有 TypeScript 程式碼轉換方法。請參考第 13 章「配置設定選項」，瞭解有關 isolatedModules 編譯器選項，以及何時可能不支援 const 列舉的更多資訊。

命名空間

除非我們正在替現有套件開發 DefinitelyTyped 型別定義，否則不要使用命名空間。命名空間與現代 JavaScript 模組無法符合兩者之間的語意。他們的自動指派成員，可能會使程式碼難以閱讀。因為也許會在 .d.ts 檔案中遇到，這裡只稍微提及它們。

早期在 ECMAScript 模組被許可之前，大部分 Web 應用程式將輸出的程式碼打包成單一檔案，並載入到瀏覽器中的情況相當常見。這些巨大的單一檔案，通常會建立全域變數來儲存對專案不同區域的重要數值之參考。打包成單一個檔案的設定，通常比一個舊的模組載入器（如 RequireJS）更為簡單，而且載入的性能通常更好，因為當時許多伺服器還不支援 HTTP/2 下載。替單一檔案輸出而製作的專案，需要一種方法來組織程式碼片段，以及這些全域變數。

TypeScript 語言提供了一種具有「內部模組」概念的解決方案，現在稱為命名空間。命名空間（*namespace*）是一個全域可用的物件，該物件具有可被呼叫的成員所「匯出」之內容。命名空間使用關鍵字 namespace 定義，並緊接著 {} 程式碼區塊。該名稱空間區塊中的所有內容，都在函數閉包內進行計算。

以下這個 Randomized 命名空間，建立一個數值變數，並在內部使用它：

```
namespace Randomized {
    const value = Math.random();
    console.log(`My value is ${value}`);
}
```

這樣所產生的 JavaScript 輸出，會建立一個 Randomized 物件，並在函數內計算出其中的內容，因此數值變數在命名空間之外是無法被使用的：

```
var Randomized;
(function (Randomized) {
    const value = Math.random();
    console.log(`My value is ${value}`);
})(Randomized || (Randomized = {}));
```

在最初 TypeScript 中，命名空間和模組分別稱為 namespace 和 module 關鍵字。有鑑於現代模組載入器和 ECMAScript 模組的興起，事後看來這並非是明智的選擇。module 關鍵字，仍然偶爾會出現在非常古老的專案中，但仍然可以安全地替換為 namespace。

匯出命名空間

命名空間可以透過其「匯出」的內容操作物件成員，這是它主要的關鍵特性。其他程式碼區域可以依照名稱參考該成員。

在這裡 Settings 的一個命名空間，匯出內部及外部使用的 describe、name、version：

```
namespace Settings {
  export const name = "My Application";
  export const version = "1.2.3";

  export function describe() {
    return `${Settings.name} at version ${Settings.version}`;
  }

  console.log("Initializing", describe());
}

console.log("Initialized", Settings.describe());
```

產生輸出的 JavaScript 說明，這些數值始終是 Settings 的成員（例如，Settings.name），在內部及外部被使用：

```
var Settings;
(function (Settings) {
    Settings.name = "My Application";
    Settings.version = "1.2.3";
    function describe() {
        return `${Settings.name} at version ${Settings.version}`;
    }
    Settings.describe = describe;
    console.log("Initializing", describe());
})(Settings || (Settings = {}));
console.log("Initialized", Settings.describe());
```

透過對產生輸出的物件使用 var，並將匯出的內容作為這些物件成員的參考，命名空間在跨多個檔案拆解時，有很好的效果。先前的 Settings 命名空間可以跨多個檔案重新寫過：

```
// settings/constants.ts
namespace Settings {
  export const name = "My Application";
  export const version = "1.2.3";
}

// settings/describe.ts
namespace Settings {
    export function describe() {
        return `${Settings.name} at version ${Settings.version}`;
    }

    console.log("Initializing", describe());
```

```
}

// index.ts
console.log("Initialized", Settings.describe());
```

合併在一起後 JavaScript 輸出的程式碼大致如下：

```
// settings/constants.ts
var Settings;
(function (Settings) {
    Settings.name = "My Application";
    Settings.version = "1.2.3";
})(Settings || (Settings = {}));
// settings/describe.ts
(function (Settings) {
    function describe() {
        return `${Settings.name} at version ${Settings.version}`;
    }
    Settings.describe = describe;
    console.log("Initialized", describe());
})(Settings || (Settings = {}));
console.log("Initialized", Settings.describe());
```

無論在單一或多個檔案的宣告形式，輸出的物件在執行時期都是具有三個鍵值的物件。
大致如下：

```
const Settings = {
    describe: function describe() {
        return `${Settings.name} at version ${Settings.version}`;
    },
    name: "My Application",
    version: "1.2.3",
};
```

使用命名空間的主要差別在於，可以將功能拆分到不同的檔案中，並且相關的成員變
數、函數，仍然可以在命名空間的狀況下相互參考。

巢狀命名空間

從另一個命名空間中匯出一個命名空間，並透過一個或多個 .（句點）來區隔名稱。

以下兩個名稱空間宣告的行為相同：

```
namespace Root.Nested {
    export const value1 = true;
}
```

```
namespace Root {
    export namespace Nested {
        export const value2 = true;
    }
}
```

這些都會被編譯為結構相同的程式碼：

```
(function (Root) {
    let Nested;
    (function (Nested) {
        Nested.value2 = true;
    })(Nested || (Nested = {}));
})(Root || (Root = {}));
```

巢狀命名空間是一種便利的管理方式，可以用來組織大型專案中的各個部分，在彼此之間進行更多劃分。許多開發人員選擇使用專案名稱作為命名空間的根節點——例如使用公司或組織的名稱來命名——以及專案的每個主要區域，作為子命名空間。

型別定義中的命名空間

如今，命名空間的唯一令人稱許之處（這也是作者選擇將它們納入在本書中的唯一原因）是它們對 DefinitelyTyped 型別定義，有明確的區別功用。許多 JavaScript 程式庫，尤其是以較舊為主的 Web 應用程式，如 jQuery；會被假定為包含在帶有傳統非模組 <script> 標記的 Web 瀏覽器中運作。他們的型別需要明確地建立在一個可用於所有程式碼的全域變數之中，並且由命名空間完美串連整個結構。

此外，許多支援瀏覽器的 JavaScript 程式庫，也被設計為既可以匯入現代的模組系統，也可以建立全域命名空間。TypeScript 允許模組型別，定義包含一個 export as namespace，後面緊跟一個全域名稱，用來表示該模組也可以在這樣的名稱下全域使用。

例如，以下這個模組的宣告檔案匯出一個 value 並且全域都可使用：

```
// node_modules/@types/my-example-lib/index.d.ts
export const value: number;
export as namespace libExample;
```

型別系統會知道 import("my-example-lib") 和 window.libExample 兩者都會回傳模組，其 value 屬性為 number 型別：

```
// src/index.ts
import * as libExample from "my-example-lib"; // 正確
const value = window.libExample.value; // 正確
```

優先使用模組而非命名空間

可以使用 ECMAScript 模組做為現代標準，將前面的範例 *settings/constants.ts*、*settings/describe.ts* 檔案重新寫過，而無須使用命名空間：

```
// settings/constants.ts
export const name = "My Application";
export const version = "1.2.3";

// settings/describe.ts
import { name, version } from "./constants";

export function describe() {
    return `${Settings.name} at version ${Settings.version}`;
}

console.log("Initializing", describe());

// index.ts
import { describe } from "./settings/describe";

console.log("Initialized", describe());
```

在 Webpack 等現代建構工具中，使用命名空間建構的 TypeScript 程式碼，無法輕易進行樹狀移除（也就是刪除未使用的檔案），因為命名空間會像 ECMAScript 模組那樣，在檔案之間建立不明確的宣告，維持關係的連結。強烈建議使用 ECMAScript 模組，而非 TypeScript 命名空間，來撰寫執行時期的程式碼。

 截至 2022 年，TypeScript 本身是在命名空間架構中撰寫完成的，但團隊也正在努力轉移到模組。誰知道呢？也許在閱讀本書時，說不定已經完成了！

僅限於型別的匯入和匯出

最後在結束本章前，介紹最後一組好用的擴充語法，僅用於型別的匯入和匯出，並且不會對輸出的 JavaScript 造成任何複雜性的增加。

TypeScript 的轉譯器將會從檔案的匯入和匯出中，刪除僅在型別系統中存在的數值，因為它們不在執行時的 JavaScript 中使用。

例如，以下 *index.ts* 檔案建立一個 action 變數和一個 ActivistArea 型別，然後獨立的匯出宣告它們。並在編譯為 *index.js* 時，TypeScript 的轉譯器會從匯出宣告中刪除 ActivistArea：

```
// index.ts
const action = { area: "people", name: "Bella Abzug", role: "politician" };

type ActivistArea = "nature" | "people";

export { action, ActivistArea };

// index.js
const action = { area: "people", name: "Bella Abzug", role: "politician" };

export { action };
```

要理解如何刪除重新匯出的型別（例如 ActivistArea）必須先瞭解 TypeScript 型別系統。像 Babel 這樣一次作用於單一檔案的轉譯器，無法存取 TypeScript 型別系統，因此也無法知道每個名稱是否僅在型別系統中使用。TypeScript 的 isolatedModules 編譯器選項，在第 13 章「配置設定選項」中提過，它有助於確保程式碼在 TypeScript 以外的工具中轉換。

TypeScript 允許在 export 和 import 宣告中，以 {...} 形式匯入單一名稱或整個物件，並在前面增加 type 修飾符號。這樣做表明它們僅用於型別系統。也將套件的預設匯入標記為其型別。

在下面的程式碼片段中，當 *index.ts* 被轉換為輸出 *index.js* 時，在匯入和匯出只保留 value：

```
// index.ts
import { type TypeOne, value } from "my-example-types";
import type { TypeTwo } from "my-example-types";
import type DefaultType from "my-example-types";

export { type TypeOne, value };
export type { DefaultType, TypeTwo };

// index.js
import { value } from "my-example-types";

export { value };
```

某些 TypeScript 開發人員，甚至更喜歡選擇單純使用型別匯入，來更清楚地說明哪些匯入僅用作型別。如果匯入被標記為單純型別，在執行時嘗試將其用作數值，將觸發 TypeScript 錯誤。

下面的例子中，`ClassOne` 可以一般匯入，可以在執行時使用，但是 `ClassTwo` 卻不能，因為它是作為型別匯入：

```
import { ClassOne, type ClassTwo } from "my-example-types";

new ClassOne(); // Ok

new ClassTwo();
//   ~~~~~~~~
// 錯誤：因為 'ClassTwo' 是使用 'import type' 匯入的，
// 所以無法作為數值使用。
```

單純型別的匯入和匯出，並沒有對產生的 JavaScript 增加其複雜性，而是讓 TypeScript 之外的轉譯器清楚地知道何時可以刪除程式碼片段。因此，大多數 TypeScript 開發人員，不會像本章先前介紹的語法擴充，那樣厭惡它們。

總結

在本章中，我們討論 TypeScript 所包含的一些 JavaScript 語法擴充：

- 在類別建構函數中宣告類別參數屬性
- 使用裝飾器來擴充類別及其欄位
- 用列舉表示數值組合
- 使用命名空間跨檔案或在型別定義中分組建立
- 單純型別的匯入和匯出

 現在我們已經閱讀完本章，在 *https://learningtypescript.com/syntax-extensions* 上，練習所學到的內容。

我們如何看待在 TypeScript 中為了支援遺留 JavaScript 所做的擴充成本？
「*Sin tax*（罪惡稅）」

第十五章

型別操作

條件、映射

對型別擁有強大的力量

混亂即將來臨

TypeScript 賦予了我們在系統中定義型別的超強能力。即使是第 10 章「泛型」中的邏輯修飾符號,與本章中型別操作功能相比,也相形失色。在閱讀完本章後,我們將能夠混合、比對和基於其他修改過的型別,提供在系統中表示型別的更強大方法。

 這些花俏的型別中,絕大多數都是我們通常不會想拿來使用的技術。但仍需要理解它們在哪些情況下適合使用,但要注意:過度使用可能讓程式碼難以閱讀。

映射型別

TypeScript 提供另一種基於型別的屬性來建立新型別的語法:換句話說,這是從一種型別映射(*map*)到另一種型別。TypeScript 中的映射型別(*mapped type*)是一種接受其他型別,並對該型別的每個屬性執行某些操作的型別。

映射型別透過在每一組鍵值下的新屬性,來建立型別。其中鍵值使用類似索引特徵的語法,而非靜態型別,並緊跟著 :,如 [i: string]。而且還可以使用 in 計算來自其他的型別,例如 [K in OriginalType]:

```
type NewType = {
    [K in OriginalType]: NewProperty;
};
```

使用映射型別的一個常見案例是發生在建立物件，其鍵值是現有聯集型別中的每個文字字串。下面這個 AnimalCounts 型別，建立了一個新的物件型別。其中鍵值是 Animals 聯集型別中的每個值，並且每個鍵值所帶出的數值都是 number：

```
type Animals = "alligator" | "baboon" | "cat";

type AnimalCounts = {
    [K in Animals]: number;
};
// 等同於：
// {
//   alligator: number;
//   baboon: number;
//   cat: number;
// }
```

基於現有文字的聯集映射，是在宣告介面數量較多時，節省空間的快速方式。但是，當映射型別可以作用於其他型別，甚至可以替介面中的成員，增加或刪除修飾符號時，它們的作用才真正發揮出來。

來自型別的映射型別

映射型別通常使用 keyof 運算符號，作用於現有型別得以取得其鍵值。透過指定映射現有型別的鍵值，讓我們可以從現有型別映射到新的型別。

以下是透過 AnimalVariants 型別映射到新的等效型別，因此 AnimalCounts 最終與先前 AnimalCounts 的型別是一模一樣：

```
interface AnimalVariants {
    alligator: boolean;
    baboon: number;
    cat: string;
}

type AnimalCounts = {
    [K in keyof AnimalVariants]: number;
};
// 等同於：
// {
//   alligator: number;
//   baboon: number;
//   cat: number;
// }
```

使用 keyof 映射到的新型別鍵值（在前面的程式碼片段中名為 K）是已知鍵值的原始型別。這代表著讓每個映射型別成員變數在同一鍵值下，都可對應參考原始型別的成員數值。

如果原始物件是 SomeName，並且映射的是 [K in keyof SomeName]，那麼映射型別中的每個成員都可以參考等效的 SomeName 成員的值以 SomeName[K] 表示。

這裡的 NullableBirdVariants 型別，採用原始 BirdVariants 型別，並對每個成員添加 | null：

```
interface BirdVariants {
    dove: string;
    eagle: boolean;
}

type NullableBirdVariants = {
    [K in keyof BirdVariants]: BirdVariants[K] | null,
};
// 等同於：
// {
//   dove: string | null;
//   eagle: boolean | null;
// }
```

映射型別讓我們無須費力地，將每個欄位從原始型別進行多次複製到其他位置，而是定義一組成員，然後根據需要重新建立它們新的版本。

映射型別和特徵

在第 7 章「介面」中，曾經介紹 TypeScript 提供了兩種將介面成員宣告為函數的方式：

- *Method*（方法）語法（如 member(): void）：將宣告介面的成員是一個函數，目的在作為物件被呼叫的成員

- *Property*（屬性）語法（如 member: () => void）：將宣告介面的成員為獨立的函數

映射型別不會區分物件使用方法或是屬性語法。並且會將方法視為原始型別的屬性。

這裡的 ResearcherProperties 型別，包含 Researcher 的屬性和方法成員：

```
interface Researcher {
    researchMethod(): void;
    researchProperty: () => string;
}
```

```
type JustProperties<T> = {
    [K in keyof T]: T[K];
};

type ResearcherProperties = JustProperties<Researcher>;
// 等同於：
// {
//   researchMethod: () => void;
//   researchProperty: () => string;
// }
```

在大多數常用的 TypeScript 程式碼中，並不會特別區分方法和屬性之間的 t 差異。因此很難找到接受類別型別，作為映射型別的實際用途。

變更修飾符號

映射型別還可以作用在原始型別上，修改成員存取控制修飾符號，像是 readonly（唯讀的）或 ?（可選擇的）。readonly 或 ?，可以使用跟傳統介面相同的語法，放置在映射型別的成員上。

以下 ReadonlyEnvironmentalist 型別建立了一個 Environmentalist 版本的介面，所有成員都被設定成唯讀，而 OptionalReadonlyConservationist 更進一步建立另一個版本，增加 ? 給所有 ReadonlyEnvironmentalist 成員：

```
interface Environmentalist {
    area: string;
    name: string;
}

type ReadonlyEnvironmentalist = {
    readonly [K in keyof Environmentalist]: Environmentalist[K];
};
// 等同於：
// {
//   readonly area: string;
//   readonly name: string;
// }

type OptionalReadonlyEnvironmentalist = {
    [K in keyof ReadonlyEnvironmentalist]?: ReadonlyEnvironmentalist[K];
};
// 等同於：
// {
```

```
//    readonly area?: string;
//    readonly name?: string;
// }
```

 OptionalReadonlyEnvironmentalist 型別,也可以寫成設定為 readonly
`[K in keyof Environmentalist]?: Environmentalist[K]`。

刪除修飾符號是在新型別的修飾符號之前,增加 - 來完成的。我們可以分別寫成 -readonly 或 -?:,而不是 readonly 或 ?:。

以下的 Conservationist 型別包含 ? 和 readonly 的成員,在 WritableConservationist 中可寫入,然後在 RequiredWritableConservationist 中是必需存在的:

```
interface Conservationist {
    name: string;
    catchphrase?: string;
    readonly born: number;
    readonly died?: number;
}

type WritableConservationist = {
    -readonly [K in keyof Conservationist]: Conservationist[K];
};
// 等同於:
// {
//    name: string;
//    catchphrase?: string;
//    born: number;
//    died?: number;
// }

type RequiredWritableConservationist = {
    [K in keyof WritableConservationist]-?: WritableConservationist[K];
};
// 等同於:
// {
// {
//    name: string;
//    catchphrase: string;
//    born: number;
//    died: number;
// }
```

RequiredWritableConservationist 型別也可以改寫成 -readonly [K in keyof Conservationist]-?: Conservationist[K]。

泛型映射型別

映射型別的完整功能來自於將它們與泛型相互結合,允許在不同型別之間重複使用單一型別的映射。映射型別能夠存取其範圍內,任何型別名稱的鍵值,包括映射型別本身的參數型別。

泛型射型別通常可用於表示,資料在應用程式中是如何變化。例如,應用程式的某個區域可能希望接收現有型別的數值,但卻不允許修改資料。

以下 MakeReadonly 泛型型別接受任何型別,並建立一個新的版本,並將 readonly 修飾符號添加到其所有成員:

```
type MakeReadonly<T> = {
    readonly [K in keyof T]: T[K];
}

interface Species {
    genus: string;
    name: string;
}

type ReadonlySpecies = MakeReadonly<Species>;
// 等同於:
// {
//    readonly genus: string;
//    readonly name: string;
// }
```

另一個開發人員常用的轉換是需要表示一個接受任意數量的函數介面,該介面會回傳一個完整填滿屬性的實體。

以下 MakeOptional 型別和 createGenusData 函數,提供任意數量的 GenusData 介面,並回傳填入預設值的物件:

```
interface GenusData {
    family: string;
    name: string;
}

type MakeOptional<T> = {
```

```
        [K in keyof T]?: T[K];
    }
    // 等同於：
    // {
    //   family?: string;
    //   name?: string;
    // }

    /**
     * 在 GenusData 上，覆寫任何的預設值。
     */
    function createGenusData(overrides?: MakeOptional<GenusData>): GenusData {
        return {
            family: 'unknown',
            name: 'unknown',
            ...overrides,
        }
    }
```

泛型映射型別可以完成一些特殊的操作，以至於 TypeScript 提供開箱即用的工具型別。例如，使用內建的 Partial<T> 型別，讓所有屬性成為可選擇的。我們可以在 *https://www.typescriptlang.org/docs/handbook/utility-types.html*，找到這些內建型別的列表。

條件型別

將現有型別映射到其他型別是不錯的想法，但我們還沒有將邏輯條件增加到型別系統中。那現在就開始吧。

TypeScript 的型別系統是*邏輯程式編譯語言*（*logic programming language*）的一個部分。能夠邏輯檢查之前的型別，來建構新的型別。其中使用*條件型別*（*conditional type*）的概念來達成這一點：依照現有型別解析為兩種可能之一的型別。

條件型別語法看起來像三元運算子：

```
    LeftType extends RightType ? IfTrue : IfFalse
```

條件型別中的邏輯檢查始終是確認，左型別是否可被**擴充**或可被指派給右型別。

以下 CheckStringAgainstNumber 條件型別檢查 string 是否擴充成 number，或者換句話說 string 型別是否可指派給 number 型別。所以「if false」的型別結果是 false：

```
    // 型別結果為 false
    type CheckStringAgainstNumber = string extends number ? true : false;
```

本章大部分其餘的內容，將涉及型別系統的其他功能與條件型別相互結合。程式碼段落會隨之變得越來越複雜，請記住：每個條件型別都是純粹的 boolean 邏輯。而且都採用某種型別，並在兩種可能結果推導出其中之一。

泛型條件型別

條件型別能夠檢查其範圍內的任何型別名稱，包括本身的參數型別。這表示可以撰寫能重複使用的泛型型別，來建立任何基於其他型別的新型別。

將先前的 CheckStringAgainstNumber 型別轉換為泛型的 CheckAgainstNumber 會根據先前的型別，確認是否可指派給 number 產生出一個型別為 true 或 false。而 string 仍然不是正確的，而 number 和 0 | 1 才正確：

```
type CheckAgainstNumber<T> = T extends number ? true : false;

// 型別：false
type CheckString = CheckAgainstNumber<'parakeet'>;

// 型別：true
type CheckString = CheckAgainstNumber<1891>;

// 型別：true
type CheckString = CheckAgainstNumber<number>;
```

下面的 CallableSetting 型別會更好用一些。它接受一個泛型 T，並檢查 T 是否是一個函數。如果 T 是函數，則結果是 T 型別，這會與 GetNumbersSetting 一樣，其中 T 是 () => number[]。若不是函數，結果會回傳 T 型別的函數，與 StringSetting 相同，其中 T 是 string，因此結果是 () => string：

```
type CallableSetting<T> =
    T extends () => any
        ? T
        : () => T;

// 型別：() => number[]
type GetNumbersSetting = CallableSetting<() => number[]>;

// 型別：() => string
type StringSetting = CallableSetting<string>;
```

條件型別還能夠使用物件成員搜尋語法，存取所提供型別的成員。它們可以在 extends 語句和結果型別中，使用相關的資訊。

JavaScript 程式庫中一種適合用於條件泛型型別的模式，會根據提供給函數的選項物件，修改函數的回傳型別。

例如，許多資料庫函數或等效函數，可能會使用 throwIfNotFound 之類的屬性來修改函數所拋出的錯誤，而非在未找到數值時回傳 undefined。以下 QueryResult 型別模式的動作，如果選項的 throwIfNotFound 為 true 的情況下，c 會產生更窄化的 string 來取代 string | undefined，否則為 undefined：

```
interface QueryOptions {
  throwIfNotFound: boolean;
}

type QueryResult<Options extends QueryOptions> =
  Options["throwIfNotFound"] extends true ? string : string | undefined;

declare function retrieve<Options extends QueryOptions>(
    key: string,
    options?: Options,
): Promise<QueryResult<Options>>;

// 回傳的型別：string | undefined
await retrieve("BirutéGaldikas");

// 回傳的型別：string | undefined
await retrieve("Jane Goodall", { throwIfNotFound: Math.random() > 0.5 });

// 回傳的型別：string
await retrieve("Dian Fossey", { throwIfNotFound: true });
```

透過將條件與泛型參數型別相結合，搜尋函數可以更準確地告訴型別系統，將如何修改程式的控制流程。

型別分布

條件型別分布在聯集上，它們的結果將是該條件型別套用於每個聯集元素（也就是聯集型別中的型別）。換句話說，ConditionalType<T | U> 與 Conditional<T> | Conditional<U> 是有相同的。

很難解釋型別分布，但對於條件型別與聯集的行為方式卻很重要。

若考慮以下 ArrayifyUnlessString 型別，除非 T extends string，否則將其參數型別 T 轉換為陣列。HalfArrayified 相當於 string | number[]，因為 ArrayifyUnlessString<string | number> 與 ArrayifyUnlessString<string> | ArrayifyUnlessString<number> 是相同的：

```
type ArrayifyUnlessString<T> = T extends string ? T : T[];

// 型別 : string | number[]
type HalfArrayified = ArrayifyUnlessString<string | number>;
```

如果 Typescript 的條件型別沒有跨聯集分布，halfarrayified 將會是 (string | number)[]，因為 string | number 不可指派給 string。換句話說，條件型別將邏輯套用於聯集型別中每個組成的元素，而非整個聯集型別。

推斷型別

存取提供型別的成員，用來儲存型別的資訊，但無法捕捉其他資訊，例如函數參數或回傳型別。條件型別能夠透過 extends 語句，使用 infer 關鍵字，來存取其他部分的條件。在 extends 語句中放置 infer 關鍵字和型別的新名稱，表示新型別將在條件型別，為真的情況下中使用。

這裡的 ArrayItems 型別，採用參數型別 T 並檢查 T 是否為某個陣列新的 Item。如果為真，則結果型別為 Item；如果為假，那就是 T：

```
type ArrayItems<T> =
    T extends (infer Item)[]
        ? Item
        : T;

// 型別 : string
type StringItem = ArrayItems<string>;

// 型別 : string
type StringArrayItem = ArrayItems<string[]>;

// 型別 : string[]
type String2DItem = ArrayItems<string[][]>;
```

推斷型別也可以用於遞迴條件下建立型別。可以擴充之前看到的 ArrayItems 型別，以遞迴方式檢索任意維度陣列的元素型別：

```
type ArrayItemsRecursive<T> =
    T extends (infer Item)[]
        ? ArrayItemsRecursive<Item>
        : T;
```

```
// 型別：string
type StringItem = ArrayItemsRecursive<string>;

// 型別：string
type StringArrayItem = ArrayItemsRecursive<string[]>;

// 型別：string
type String2DItem = ArrayItemsRecursive<string[][]>;
```

請注意，雖然 ArrayItems<string[][]> 推導出 string[]，而 ArrayItemsRecursive<string[][]>
推斷的結果卻是 string。泛型型別的遞迴功能會套用修改在後續的地方，例如剛剛檢索
陣列元素型別的例子。

映射的條件型別

映射型別套用修改至現有型別中的每個成員。而條件型別則是套用修改於單一現有型別
上。將它們放在一起，會讓泛型樣板型別上的每個成員都套用該邏輯條件。

這個 MakeAllMembersFunctions 型別，將一個型別的每個非函數成員都變成函數：

```
type MakeAllMembersFunctions<T> = {
    [K in keyof T]: T[K] extends (...args: any[]) => any
        ? T[K]
        : () => T[K]
};

type MemberFunctions = MakeAllMembersFunctions<{
    alreadyFunction: () => string,
    notYetFunction: number,
}>;
// 型別：
// {
//    alreadyFunction: () => string,
//    notYetFunction: () => number,
// }
```

映射條件型別是使用某種邏輯檢查，來修改現有型別所有屬性的最快方式。

never 型別

在第 4 章「物件」中，曾介紹 never 和一個底限型別，意思是它不能變成的數值。在正確的位置添加一個 never 型別註記，可以在型別系統中告訴 TypeScript，更積極地檢測程式碼中從不曾變化過的型別，以及參考先前執行時期的程式碼作為例子。

never 與交集和聯集型別

另一種描述不存在的型別的方式，是 never 型別。never 會讓 & 交集和 | 聯集型別，帶來一些有趣的變化：

- never 在 & 交集型別中，將交集型別減少為 never。

- never 不會被 | 聯集型別所忽略。

這裡的 NeverIntersection、NeverUnion 型別，說明了這些行為：

```
type NeverIntersection = never & string; // 型別 : never
type NeverUnion = never | string; // 型別 : string
```

特別是，在聯集型別中被忽略的行為使得 never 會從條件型別和映射型別中過濾掉某些數值。

never 和條件型別

泛型條件型別通常使用 never，從聯集中過濾掉不需要的部分。因為在聯集中 never 將被忽略，所以聯集型別經過泛型條件過濾之結果，只剩下那些不為 never 的型別。

以下 OnlyStrings 泛型條件型別過濾掉非字串的型別，所以 RedOrBlue 從型別中移除掉 0 和 null：

```
type OnlyStrings<T> = T extends string ? T : never;

type RedOrBlue = OnlyStrings<"red" | "blue" | 0 | false>;
// 等同於 : "red" | "blue"
```

泛型型別在建立應用程式時，never 通常也與推斷的條件型別相互結合使用。帶有 infer 的型別推斷必須在條件型別為真的情況下運作，因此如果假的情況永遠不會使用到，那麼使用 never 會相當合適。

這裡的 FirstParameter 接受一個函數型別 T，檢查推斷是否是帶有 arg: infer Arg 的函數，如果是則回傳 Arg：

```
type FirstParameter<T extends (...args: any[]) => any> =
    T extends (arg: infer Arg) => any
        ? Arg
        : never;

type GetsString = FirstParameter<
    (arg0: string) => void
>; // 型別: string
```

在條件型別為 false 的情況下使用 never，會讓 FirstParameter 抓取函數中第一個參數的型別。

never 和映射型別

聯集中的 never 也能過濾掉映射型別中的成員。可以使用以下三種系統型別功能，來過濾掉物件的鍵值：

- 聯集中使用 never 忽略成員。
- 使用映射型別重新映射其中的成員。
- 使用條件型別，讓滿足條件的成員轉換為 never。

將這三個組合在一起，我們可以建立一種映射型別，將原始型別的每個成員修改為其鍵值或 never。使用 [keyof T] 要求型別的成員，然後產生這些映射型別的所有結果，再濾掉 never。

以下 OnlyStringProperties 型別將每個 T[K] 成員轉換為鍵值 K（如果該成員是字串），否則為 never：

```
type OnlyStringProperties<T> = {
  [K in keyof T]: T[K] extends string ? K : never;
}[keyof T];

interface AllEventData {
    participants: string[];
    location: string;
    name: string;
    year: number;
}

type OnlyStringEventData = OnlyStringProperties<AllEventData>;
// 等同於: "location" | "name"
```

讀取 OnlyStringProperties<T> 型別的另一種方法，是濾掉所有非 string 屬性（將它們轉換為 never），然後回傳所有剩餘的鍵值（[keyof T]）。

樣板字面型別

我們已經介紹很多關於條件和映射型別。現在切換到較無須邏輯判斷的型別，並暫時集中在字串上。到目前為止，有兩種輸入字串值的方式：

- 原始 string 型別：當值可以是世界上的任何字串時
- 字面型別，例如 "" 和 "abc"：當值只能是一種型別（或聯集）時

但有時可能希望表示一個字串與某些字串比對樣式：也就是說，一部分的字串是已知的，但另一部分並不是。因此會使用樣板字面型別（*template literal types*），這是一種用於表示字串的型別，並遵循 TypeScript 模式的語法。它們外表看起來像樣板字串因而得名，並且帶有插入的原始型別或原始型別的聯集。

這個樣板字面型別，表示字串必須以「Hello」開頭，但之後可以用任意字串 string 做結尾。以「Hello」開頭的名稱，如「Hello, world!」將符合樣式，但「World!Hello!」或「World!」則否。

```
type Greeting = `Hello${string}`;

let matches: Greeting = "Hello, world!"; // 正確

let outOfOrder: Greeting = "World! Hello!";
//  ~~~~~~~~~~
// 錯誤：型別 '"World! Hello!"' 不可指派給型別 '`Hello${string}`'。

let missingAltogether: Greeting = "hi";
//  ~~~~~~~~~~~~~~~~~
// 錯誤：型別 '"hi"' 不可指派給型別 '`Hello${string}`'。
```

字串字面型別以及它們的聯集，可以在型別中插入數值，而非取代所有原來的 string，使得樣板字面符合型別更窄化的字串模式。對於必須比對一組相符的字串，使用樣板字面型別能有效的描述其限制。

此處 BrightnessAndColor，只比對以 Brightness 開頭、以 Color 結尾，並且中間帶有一個 - 連字符號的字串：

```
type Brightness = "dark" | "light";
type Color =  "blue" | "red";

type BrightnessAndColor = `${Brightness}-${Color}`;
// 等同於: "dark-red" | "light-red" | "dark-blue" | "light-blue"

let colorOk: BrightnessAndColor = "dark-blue"; // 正確

let colorWrongStart: BrightnessAndColor = "medium-blue";
//  ~~~~~~~~~~~~~~~
// 錯誤: 型別 '"medium-blue"' 不可指派給型別
// '"dark-blue" | "dark-red" | "light-blue" | "light-red"'。

let colorWrongEnd: BrightnessAndColor = "light-green";
//  ~~~~~~~~~~~~~
// 錯誤: 不得將型別 '"light-green"' 指派給型別
// '"dark-blue" | "dark-red" | "light-blue" | "light-red"'。
```

如果沒有樣板字面型別,將花費更多心力列出 Brightness、Color 的所有四種組合。如果它們之中有任何一個增加文字字串,那情況將變得更麻煩!

TypeScript 允許樣板字面型別包含任何基本型別(symbol 除外)或其聯集:string、number、bigint、boolean、null 或 undefined。

這裡的 ExtolNumber 型別,允許以「much」開頭的任何字串,其中包括看起來像數字的字串,並以「wow」結尾:

```
type ExtolNumber = `much ${number} wow`;

function extol(extolee: ExtolNumber) { /* ... */ }

extol('much 0 wow'); // 正確
extol('much -7 wow'); // 正確
extol('much 9.001 wow'); // 正確

extol('much false wow');
//     ~~~~~~~~~~~~~~~~
// 錯誤: 型別 '"much false wow"' 的引數
// 不可指派給型別 '`much ${number} wow`' 的參數。
```

內部字串操作型別

為了協助處理字串型別，TypeScript 提供一組內部（表示它們內建於 TypeScript 中）通用工具，它會對字串型別套用一些常用的操作。從 TypeScript 4.7.2 開始，有四個：

- Uppercase（大寫）：將字串字面型別轉換為大寫。

- Lowercase（小寫）：將字串字面型別轉換為小寫。

- Capitalize（字首大寫）：將字串字面型別的第一個字元轉換為大寫。

- Uncapitalize（字首小寫）：將字串字面型別的第一個字元轉換為小寫。

以上每個都可以作用於一般字串型別。例如，使用 Capitalize 將字串中的第一個字母大寫：

```
type FormalGreeting = Capitalize<"hello.">; // 型別 : "Hello."
```

這些固定的字串操作，對於控制物件型別的屬性鍵值非常具有效果。

樣板文字鍵值

樣板字面型別是介於原始 string 和文字字串之間，這表示它們仍然是字串。可用在任何使用文字字串的地方。

例如，用來作為映射型別中的索引特徵。此處 ExistenceChecks 型別，對 DataKey 中的每個字串都有一個鍵值，使用 check${Capitalize<DataKey>} 映射：

```
type DataKey = "location" | "name" | "year";

type ExistenceChecks = {
    [K in `check${Capitalize<DataKey>}`]: () => boolean;
};
// 等同於 :
// {
//   checkLocation: () => boolean;
//   checkName: () => boolean;
//   checkYear: () => boolean;
// }

function checkExistence(checks: ExistenceChecks) {
    checks.checkLocation(); // 型別 : boolean
    checks.checkName(); // 型別 : boolean
```

```
    checks.checkWrong();
    //      ~~~~~~~~~~
    // 錯誤：型別 'ExistenceChecks' 沒有屬性 'checkWrong'。
}
```

重新對應映射型別鍵值

TypeScript 允許使用基於原始成員的樣板字面型別，替映射型別的成員建立新鍵值。在映射型別中放置 as 關鍵字，之後緊接著索引特徵的樣板字面型別，這會修改鍵值的結果，並符合樣板字面型別。這樣做讓映射型別為每個映射屬性使用不同的鍵值，同時仍然保有原始值的參考。

在這裡 DataEntryGetters 是一個映射型別，其鍵值為 getLocation、getName、getYear。每個鍵值都映射到具有樣板字面的新鍵值。每個映射都是一個函數，其回傳型別是使用原始 K 鍵值作為 DataEntry 的參數型別：

```
interface DataEntry<T> {
    key: T;
    value: string;
}

type DataKey = "location" | "name" | "year";

type DataEntryGetters = {
    [K in DataKey as `get${Capitalize<K>}`]: () => DataEntry<K>;
};
// 等同於：
// {
//   getLocation: () => DataEntry<"location">;
//   getName: () => DataEntry<"name">;
//   getYear: () => DataEntry<"year">;
// }
```

鍵值重新映射可以與其他型別的操作可以相互結合，來建立現有形態的映射型別。一個有趣的組合方式是在現有物件上，使用 keyof typeof，來使映射型別脫離該物件。

這裡的 ConfigGetter 型別是基於 config 型別，但是每個欄位都回傳原始 config 的函數，所有鍵值都是從原有修改過來的：

```
const config = {
    location: "unknown",
    name: "anonymous",
    year: 0,
```

```
};

type LazyValues = {
    [K in keyof typeof config as `${K}Lazy`]: () => Promise<typeof config[K]>;
};
// 等同於：
// {
//   location: Promise<string>;
//   name: Promise<string>;
//   year: Promise<number>;
// }

async function withLazyValues(configGetter: LazyValues) {
    await configGetter.locationLazy; // Resultant type: string

    await configGetter.missingLazy();
    //                 ~~~~~~~~~~~
    // 錯誤：型別 'LazyValues' 沒有屬性 'missingLazy'。
};
```

請注意，在 JavaScript 中，物件鍵值可以是 string 或 Symbol 型別，而 Symbol 鍵值不能
用作樣板字面型別，因為它們不是原始型別。如果嘗試在泛型型別中重新映射鍵值，
TypeScript 會發出一個 symbol 不能用於樣板字面型別的錯誤訊息：

```
type TurnIntoGettersDirect<T> = {
    [K in keyof T as `get${K}`]: () => T[K]
    //                    ~
    // 錯誤：型別 'K' 不可指派給型別
    // 'string | number | bigint | boolean | null | undefined'。
    //   型別 'keyof T' 不可指派給型別
    //     'string | number | bigint | boolean | null | undefined'。
    //       型別 'string | number | symbol' 不可指派給型別
    //         'string | number | bigint | boolean | null | undefined'。
    //           型別 'symbol' 不可指派給型別
    //             'string | number | bigint | boolean | null | undefined'。
};
```

要繞過這個限制，可以使用 string & 交集型別來強制只能是字串的型別。因為 string &
symbol 的結果是 never，所以整個樣板字串將轉變為 never，TypeScript 將忽略它：

```
const someSymbol = Symbol("");

interface HasStringAndSymbol {
    StringKey: string;
    [someSymbol]: number;
}
```

```
type TurnIntoGetters<T> = {
    [K in keyof T as `get${string & K}`]: () => T[K]
};

type GettersJustString = TurnIntoGetters<HasStringAndSymbol>;
// 等同於 :
// {
//     getStringKey: () => string;
// }
```

再次見到 TypeScript 從聯集中過濾掉 never 型別的動作。

型別操作及複雜性

> 除錯過程的難度是撰寫程式碼的兩倍。根據這個定義，那麼如果盡可能以聰明
> 的方式撰寫程式碼，就表示我們還不夠聰明，因為仍無法對它除錯。
>
> —Brian Kernighan

本章描述的型別操作是目前當今所有程式編譯語言中，功能最強大、最前衛的型別系統
特性之一。大多數開發人員對它們的熟悉程度還不足夠，無法在極其複雜的使用情況
中，在出現錯誤的地方除錯。業界標準開發工具，例如在第 12 章「使用 IDE 功能」中
介紹的 IDE 功能，對於多層型別操作，通常無法使用視覺化的方式相互呈現。

如果真的需要使用型別操作，請替任何必須閱讀程式碼的開發人員，包括未來的自己，
盡可能將它們維持在最低限度的修改。使用易讀的名稱，協助在閱讀時理解程式碼。替
未來可能遇到的任何問題留下描述性建議。

總結

在本章中，我們在型別系統中進行型別的操作，釋放 TypeScript 的真正威力：

- 使用映射型別，將現有型別轉換為新型別
- 將邏輯帶入具有條件的型別中進行操作
- 學習如何交替使用 never 與交集、聯集、條件型別和映射型別
- 使用樣板字面型別，表示字串型別的樣式
- 結合樣板字面型別和映射型別，來修改型別鍵值

現在我們已經閱讀完本章，在 *https://learningtypescript.com/type-operations*
上，練習所學到的內容。

當迷失在型別系統中，還能使用什麼？

映射型別！

詞彙表

環境內容（ambient context）

　　程式碼中可以宣告型別，但不能宣告實作的區域。通常用於引用 *.d.ts* 宣告檔案。請見宣告檔案。

any

　　一種允許在任何地方使用，並且可以賦予任何東西的型別。any 可以充當上層型別，因為任何型別都可以提供作為 any。但絕大部分時間，建議使用 unknown 來獲得更準確且安全的型別。請見 unknown、上層型別。

引數（argument）

　　提供作為輸入的東西，用於傳遞給函數的值。對於函數而言，參數是傳遞給呼叫的值，也是函數內部的值。請見參數。

斷言、型別斷言（assertion、type assertion）

　　直接向 TypeScript 斷言某個數值的型別與原本期望的型別有所不同。

可指派、可指派性（assignable, assignability）

　　是否允許使用某一種型別代替另一種型別。

十億美元的錯誤 (billion-dollar mistake)

　　在討論型別系統中，最耳熟能詳的業界術語，允許在需要不同型別的地方使用諸如 null 之類的值。這是由 Tony Hoare 所創造，意指它所造成的損害程度。請見嚴格的 null 檢查。

底限型別（bottom type）

　　不可能數值的型別 —— 空集合型別。沒有型別可指派給底限型別。TypeScript 提供 never 關鍵字來表示底限型別。請見 never。

呼叫特徵（call signature）

　　函數呼叫方式的型別描述。包括參數清單和回傳型別。

駝峰式命名（camel case）

一種約定命名的方式，名稱中首字母之後的每個複合詞，其第一個字首字母大寫，如 camelCase。用於許多 TypeScript 型別系統結構中的成員名稱，包括類別和介面的成員。

類別（class）

一種 JavaScript 語法糖，包裹著函數及其指派的原型。TypeScript 允許使用 JavaScript 類別。

編譯（compile）

將原始碼轉換為另一種格式。TypeScript 內含編譯器，除了型別檢查之外，還會將 TypeScript 原始碼轉換為 JavaScript 及宣告檔案。請見轉譯。

條件型別（conditional type）

基於現有型別解析為兩種可能之一的型別。

常數斷言（const assertion）

為 as const 型別斷言的縮寫，告訴 TypeScript 直接使用唯讀形式的數值型別。

成分，成分型別（constituent, constituent type）

交集或聯集型別中的一種型別。

宣告檔案（declaration file）

延伸副檔名為 .d.ts 的檔案。宣告檔案建立一個環境內容，這表示它們只能宣告型別而不能宣告實作。請見環境內容。

裝飾器（decorator）

一個實驗性質的 JavaScript 提案，允許使用 @ 標記函數，來註解類別或類別成員。這將運作在函數建立時的類別或其成員上。

DefiniteTyped（DefinitelyTyped）

由社群所撰寫的套件，針對型別定義的大型儲存庫（簡稱 DT）。它包含數以千計的 .d.ts 定義，以及著重審查變更提議，並自動化發佈更新。這些定義在 npm 上，並以 @types/ 做專案開頭來組織套件的發佈，例如 @types/react。

衍生介面（derived interface）

至少擴充一個其他介面的介面，稱為基礎介面。這樣做會將基礎介面的所有成員，複製到衍生介面中。

判別式（discriminant）

具有相同名稱，但在每個聯集的成員中，如何辨別所具有的不同型別。

可辨識的聯集、可辨識的型別聯集（discriminated union, discriminated type union）

型別的聯集，其中「判斷」成員在每個構成型別中具有相同的名稱，但數值卻不同。檢查判別式的值作為型別窄化的一種形式。

分布性（distributivity）

指定樣板型別中，TypeScript 條件型別的聯集屬性：將會是該條件型別套用於每個元素的結果之聯集。ConditionalType<T | U> 與 Conditional<T> | Conditional<U> 有相同效果。

鴨子型別（duck typed）

用於描述 JavaScript 型別系統行為方式的常用語詞。來自於一句話「如果它看起來像一隻鴨子，並且叫起來像鴨子，那它可能就是鴨子。」這表示 JavaScript 允許將任何數值傳遞到任何地方；如果對一個物件存取不存在的成員，結果將會是 undefined。請見結構型別。

動態型別（dynamically typed, dynamic typing）

一種程式編譯語言的分類，其中不包含型別檢查。動態型別程式語言的例子像是 JavaScript 和 Ruby。

產生程式碼（emit, emitted Code）

編譯器的輸出，例如通常透過執行 tsc 產生的 .js 檔案。TypeScript 編譯器可以產生 JavaScript 和宣告檔案，由編譯器選項控制。

列舉 (enum)

儲存在物件中的一組文字數值，每個值都有一個友善的名稱。列舉是 TypeScript 對原生 JavaScript 特定語法擴充的罕見例子。

進化的 any 型別 (evolvingany)

對於沒有型別註記或初始值的變數，會隱含 any 的一種特殊情況。這個型別將演變為與它們一起使用的任何型別。請見不明確 any 型別。

擴充介面（extending an interface）

當一個介面宣告作為另一個擴充介面時。這樣做會將原始介面的所有成員複製到新介面中。請見介面。

函數重載、函數重載（function overload, overloaded function）

一種能夠描述使用截然不同的參數集合，來呼叫函數的方法。

泛型（generic）

每次建立新的結構時，允許使用不同的型別直接替換。類別、介面和型別別名可以作泛型。

泛型引數型別、引數型別（generic type argument, type argument）

作為泛型結構的參數型別，用於提供型別。

泛型參數型別、參數型別（generic type parameter, type parameter）

泛型的替代型別。泛型參數型別可以為結構的每個實體，提供不同的參數型別，但在該實體中將保持一致。

全域變數（global variable）

存在於全域範圍內的變數，例如瀏覽器中的 setTimeout、Deno、Node 等環境。

IDE，整合開發環境（IDE, Integrated Development Environment）

在原始碼的文字編輯器中，提供開發人員工具的程式。IDE 通常帶有除錯工具、語法特別標示及外掛程式，這些外掛程式可以顯示來自程式編譯語言的回報，例如型別錯誤。本書使用 VS Code 作為 IDE 範例，還有其他的 IDE 包括 Atom、Emacs、Vim、Visual Studio 和 WebStorm。

特徵實作（implementation signature）

在重載函式上宣告的最終特徵，用於其操作參數。請見函數重載。

不明確的 any（implicitany）

當 TypeScript 無法立即推斷出類別屬性、函數參數或變數的型別時，它會隱含假定型別為 any。可以使用 noImplicitAny 的編譯器選項，將類別屬性和函數參數的任何不明確型別，設定配置為型別錯誤。

介面（interface）

一組命名的屬性。TypeScript 知道宣告為特定介面型別的數值，將具有該介面的宣告屬性。

介面合併（interface merging）

介面的一種特性，當在同一範圍內宣告多個具有相同名稱的介面時，它們會合併為一個介面，而非形成名稱衝突的型別錯誤。這個最常被用來擴充定義全域介面，例如 Window。

交集型別（intersection type）

使用 & 運算符號，表示具有其兩個組成部分的所有屬性型別。

JSDoc

是一個以 /** ... */ 為標準的註解區塊，用於描述程式碼片段，例如類別、函數和變數。通常在 JavaScript 專案中，用於概略描述型別。

字面（literal）

是一個在實體上與已知原始數值意義不同的值。

映射型別（mapped types）

一種可接受另一種型別的型別，並對該型別的每個成員執行其他操作。換句話說，是將一種型別的成員映射到一組新的成員。

模組（module）

具有最上層 export 或 import 的檔案。這些檔案通常是原始碼中的檔案，或 node_modules/packages 中的檔案。請見指令稿。

模組解析（module resolution）

用於確保模組匯入哪些檔案的進一步解析動作。TypeScript 可以透過 moduleResolution 編譯器選項設定。

命名空間 (namespace)

TypeScript 中的一種舊結構，它會建立一個全域的可用物件，其中包含該物件成員所「匯出」可被呼叫的內容。命名空間是 TypeScript 特別為一般 JavaScript 語法擴充的一個例子。現在主要已改用 .d.ts 宣告檔案。

never

> never 表示 TypeScript 的底層型別：用於表示永遠不存在的值的型別。請參考底限型別。

非空斷言（non-null assertion）

> 斷言型別非 null 或 undefined。

null

> null 是 JavaScript 中的兩種基本型別之一，表示空缺數值。null 表示故意缺少數值，而 undefined 表示更一般的缺乏數值。請參考 undefined。

選項（optional）

> 不需要提供的函數參數、類別屬性、介面成員或物件型別。在的名稱之後，放置一個 ? 來表示，或者對於函數參數和類別屬性，另外透過帶有 = 來表示預設值。

多載特徵（overload signature）

> 在多載函式上宣告的特徵之一，用於描述呼叫的方式。另請參考函數重載。

覆載（override）

> 用來重新宣告基本類別上，在已存之子類所衍的生物件介面屬性。

參數（parameter）

> 接收輸入，通常指的是函數宣告的內容。對於函數，引數是傳遞給呼叫的值，而參數是函數內部的值。另請參考引數。

參數屬性（parameter property）

> TypeScript 擴充語法，用於類別建構函數，在開頭宣告指派給相同型別的成員屬性。

駝峰式大小寫（Pascal case）

> 一中約定成俗的命名方式，名稱中每個單字的字首字母大寫，如 PascalCase。這是許多 TypeScript 型別系統建構名稱的命名方式，包括泛型、介面和型別別名。

專案參考（project references）

> TypeScript 配置設定檔的一項功能，可以在其中參考其他配置檔案的作為專案依賴的項目。這允許我們使用 TypeScript 作為協調建構專案相依性的樹狀分析。

原始型別（primitive）

> JavaScript 中內建的不可變資料型別，而非物件。

> 他們是：null、undefined、boolean、string、number、bigint、symbol。

私有的，私有欄位（privacy, private field）

> JavaScript 的一個特性，名稱以 # 開頭的類別成員，只能在同一個類別中存取。

唯讀（readonly）

> 一個 TypeScript 型別系統特性，在類別或物件成員前增加關鍵字 readonly，用來表示不能被重新指派。

重構（refactor）

對程式碼進行調整，並維持大部分行為保持不變的修改狀況。TypeScript 語言服務能夠對原始碼執行一些重構動作，例如將複雜的程式碼段落移動到 const 變數中。

回傳型別（return type）

要求函數回傳資料必須符合的型別。如果函數中存在多個不同型別的 return 語句，它將是所有這些可能型別的聯集。

如果函數不可能回傳，它將是 never 型別。

Rick Roll（音樂歌手）

一種網路迷因，使用者被誘導收聽或觀看 Rick Astley 的創作性經典歌曲「Never Gonna Give You Up」的音樂視頻道而得名。作者在這本書裡藏了好幾個。相關資訊請參考 *https://oreil.ly/rickrol*

指令稿（script）

任何不是模組的原始碼檔案。請見模組。

嚴格模式（strict mode）

一組編譯器選項，可調整 TypeScript 型別檢查執行的嚴格程度和次數。這可以在 tsc 命令列中使用 --strict 功能選項開啟，並在 TSConfiguration 檔案中使用 strict: truecompilerOption 開啟。

嚴格的空檢查（strict null checking）

TypeScript 的一種嚴格模式，其中不再允許將 null 和 undefined 提供給未明確包含它們的型別。

請見十億美元的錯誤。

結構型別（structurally typed）

一種型別系統，其中恰好滿足型別的任何數值，允許作用於該型別的物件。請見鴨子型別。

子類別（subclass）

擴充自另一個稱為基本類別的類別。這樣做會將基本類別原型的成員，複製成為子類別的原型。

目標（target）

TypeScript 編譯器選項，指定需要轉譯支援 JavaScript 程式碼語法的時間點，例如 es5 或 es2017。儘管宣稱向下相容性，target 預設為 es3，但我們建議，依據實際目標運作的平台，盡可能使用新的 JavaScript 語法，因為在舊環境中，對新的 JavaScript 功能做支援，需要建立更多額外的 JavaScript 程式碼。

Thenable（Thenable 物件，以 Promise 手法撰寫程式碼的風格）

一個帶有 .then 方法的 JavaScript 物件，此方法最多接受兩個回呼函數，並回傳另一個 Thenable 物件。最常由內建的 Promise 類別實作，但使用者定義的類別或物件也可以像 Thenable 一樣運作。

上層型別（top type）

可以表示系統中任何可能的型別。請見 any、unknown。

轉譯（transpile）

將人類可閱讀的程式語言原始碼，透過編譯轉換為另一種語言的專業用詞。TypeScript 包含一個編譯器，可以將 .ts/.tsx 原始碼，轉換為 .js 檔案，這有時也被稱為轉譯。

TS 配置設定檔（TSConfig）

TypeScript 的 JSON 配置設定檔案。最常命名為 tsconfig.json，或以 tsconfig.*.json 的方式命名。VS Code 等不同編輯器，將從目錄中的 tsconfig.json 檔案讀取參數設定，確保來自正確的 TypeScript 設定選項。

元組（tuple）

一組固定大小的陣列，其中每個元素都指定了一個明確型別。

例如，[number, string | undefined] 是一個大小為 2 的元組，其中第一個元素是 number 型別，第二個元素是 string | undefined 型別。

型別（type）

分析數值具有哪些成員和功能。這些可以是基本型別（例如 string）、字面文字（例如 123）或更複雜的形態（例如函數或物件）。

型別註記（type annotation）

用於名稱之後的註解，標示其型別。由組成是由「名稱：型別」所組成。

型別防護（type guard）

可以在型別系統中分析一段執行時的邏輯，僅當某些數值是特定型別時，才允許特殊的處理邏輯。

型別窄化（type narrowing）

當 TypeScript 在型別防護的控制狀態下，在程式碼區塊中，替數值推斷出更具體的型別時，所做的分析行為。

型別系統（type system）

如何解析程式編譯語言中的構造，所具有可能型別的一組規則。

undefined

用來表示 JavaScript 中，缺乏數值的兩種基本型別之一。null 表示有意缺少數值，而 undefined 表示更一般的缺乏數值的狀況。請見 null。

聯集型別（union）

用來描述可能是兩種或多種的數值型別的型別。每種可能型別之間，由 | 分隔開來。

unknown

unknown 表示在 TypeScript 概念中的上層型別。unknown 不允許在未窄化型別的情況下，進行任意存取成員。另請參考 any、上層型別。

可見性（visibility）

指定類別成員，是否可讓外部的程式碼看見。在成員宣告之前使用 public、protected、private 關鍵字表示。可見性及其關鍵字的概念早於由 JavaScript 所提供的真正 # 成員可見設定，並且只存在於 TypeScript 型別系統中。請見私有欄位。

void

表示缺少函數回傳值的型別，在 TypeScript 中由 void 關鍵字表示。如果函數沒有 return 語句的回傳值，則認為函數回傳為 void。

索引

※ 提醒您：由於翻譯書排版的關係，部分索引名詞的對應頁碼會和實際頁碼有一頁之差。

E

關於作者

Josh Goldberg，來自紐約的前端開發人員，對開放原始碼、靜態分析及網路充滿熱情。他是一名全職開放原始碼的維護者，定期為 TypeScript 及其生態系統中的相關專案做出貢獻，例如 typescript-eslint 和 TypeStat。過去的工作包括帶領 Codecademy 使用 TypeScript，幫助建立 Learn TypeScript 課程，以及在 Microsoft 建構豐富的客戶端應用程式。專案範圍從靜態分析到中介語言、再到在瀏覽器中重建復古的遊戲。也是一位貓奴。

出版記事

本書封面上的動物是太陽錐尾鸚鵡（*Aratinga solstitialis*），這是一種原產於南美洲東北部的彩色鸚鵡。

太陽錐尾鸚鵡，也被稱為太陽長尾小鸚鵡，牠們身體大多是黃色的、翅膀尖是綠色的、臉和胸部是橙色的。在出生時是橄欖綠，隨著時間的變化，雄性和雌性都會逐步呈現出鮮豔的顏色。牠們是一夫一妻制，雌性一次產下三到四個蛋，孵化時間為 23 到 27 天。牠們的典型飲食是水果、鮮花、種子、堅果和昆蟲。

由於美麗的羽毛和可愛的個性，太陽錐尾鸚鵡作為寵物很受歡迎。牠們是好奇的鳥類，但也可能非常吵鬧。

O'Reilly 封面上的許多動物都瀕臨滅絕；牠們對這世界來說都很重要。

封面插圖由 Karen Montgomery 繪製，依照 George Shaw 的*動物學*中的圖樣線條所描繪。

TypeScript 學習手冊

作　　　者：Josh Goldberg
譯　　　者：楊俊哲
企劃編輯：蔡彤孟
文字編輯：江雅鈴
設計裝幀：陶相騰
發 行 人：廖文良

發 行 所：碁峰資訊股份有限公司
地　　　址：台北市南港區三重路 66 號 7 樓之 6
電　　　話：(02)2788-2408
傳　　　真：(02)8192-4433
網　　　站：www.gotop.com.tw
書　　　號：A719
版　　　次：2023 年 05 月初版
建議售價：NT$580

國家圖書館出版品預行編目資料

TypeScript 學習手冊 / Josh Goldberg 原著；楊俊哲譯. -- 初版.
-- 臺北市：碁峰資訊, 2023.05
　　面；　　公分
　譯自：Learning TypeScript
　ISBN 978-626-324-525-9(平裝)
　1.CST：Java Script(電腦程式語言)　2.CST：TypeScript(電腦程式語言)
312.32J3　　　　　　　　　　　　　　　112007529

讀者服務

● 感謝您購買碁峰圖書，如果您對本書的內容或表達上有不清楚的地方或其他建議，請至碁峰網站：「聯絡我們」\「圖書問題」留下您所購買之書籍及問題。(請註明購買書籍之書號及書名，以及問題頁數，以便能儘快為您處理)

http://www.gotop.com.tw

● 售後服務僅限書籍本身內容，若是軟、硬體問題，請您直接與軟體廠商聯絡。

● 若於購買書籍後發現有破損、缺頁、裝訂錯誤之問題，請直接將書寄回更換，並註明您的姓名、連絡電話及地址，將有專人與您連絡補寄商品。